新工科·普通高等教育系列教材

工程图学导学与实践

主　编　吕秋娟　　王鑫峰

副主编　赵少宁　　何美莹　　张艺萱

参　编　师世豪　　秦忠宝　　郭志青　　李艳娇　　梁晨宇

机械工业出版社

本书主要是为满足信息化背景下，线上线下混合式教学模式的学习需要，帮助学生尽快把握课程的重难点、理解作图要领、归纳作图方法、强化作图能力而编写的。各章均按照内容导学、例题解析、实践练习三部分进行组织。

本书共 11 章，主要内容有制图基本知识，点、直线、平面的投影，平面立体，回转体，截交线，相贯线，组合体，轴测图，机件形状的基本表示方法，构型设计基础和零件图识读。其中，构型设计基础内容新颖、种类多样，旨在培养学生的创造性思维能力。

本书为新形态教材，以二维码的形式链接了例题讲解微课视频和立体动画，学生可以扫描对应的二维码查看；实践练习的全部答案、三维模型均有电子资源，向授课教师免费提供，需要者可登录机械工业出版社教育服务网（www.cmpedu.com）下载。

本书可供高等院校、职业技术学院工科各专业学生在学习"工程图学"相关课程时使用，也可作为相关专业教师备课、教学的参考教材。

图书在版编目（CIP）数据

工程图学导学与实践／吕秋娟，王鑫峰主编.
北京：机械工业出版社，2024.9. --（新工科·普通
高等教育系列教材）. -- ISBN 978-7-111-76434-2

Ⅰ. TB23
中国国家版本馆 CIP 数据核字第 2024CT1436 号

机械工业出版社（北京市百万庄大街 22 号　邮政编码 100037）
策划编辑：徐鲁融　　　　　　　责任编辑：徐鲁融
责任校对：曹若菲　李　婷　　　封面设计：王　旭
责任印制：单爱军
保定市中画美凯印刷有限公司印刷
2024 年 9 月第 1 版第 1 次印刷
260mm×184mm · 11.25 印张 · 278 千字
标准书号：ISBN 978-7-111-76434-2
定价：38.00 元

电话服务　　　　　　　　　　网络服务
客服电话：010-88361066　　机　工　官　网：www.cmpbook.com
　　　　　010-88379833　　机　工　官　博：weibo.com/cmp1952
　　　　　010-68326294　　金　书　网：www.golden-book.com
封底无防伪标均为盗版　　机工教育服务网：www.cmpedu.com

前　　言

　　"工程图学"是工科院校学生必修的一门科学文化基础课程，对提高学生的形象思维与空间分析能力、增强工程图的表达与认知技能具有重要作用。学生在课程学习中，要结合大量的绘图和读图训练，不断进行由平面到空间，再由空间到平面的反复练习和联想，才能逐步提高读图能力。学生在学习中经常存在"一听就会、一做就错"、难以把握重难点的问题，编者结合多年从事"工程图学"课程的教学经验及实践体会，编写本书，旨在帮助学生尽快熟悉课程的重难点、理解作图要领、归纳作图过程、强化作图能力。

　　本书每章的内容由内容导学、例题解析、实践练习三部分组成。内容导学对每章的内容框架、知识要点和作图要领进行了完整梳理，便于学生及时掌握重难点、巩固知识点，内容框架中带☆的是需要学生重点掌握的部分；例题解析精选了涵盖重难点的典型题目类型，说明了如何进行空间及投影分析、详细地列出了作图步骤，引导学生正确作图，解决学生"题难做、图难画"的问题；实践练习为学生自主练习的内容，题目类型多样、由浅入深、循序渐进，符合学生的认知规律，以逐步提高学生的逻辑思维能力和形象思维能力。

　　本书第 10 章为构型设计基础，内容包括通过给定的视图进行构型设计、给定形体的外形投影轮廓进行构型设计、反转构型（构思出互补形体的几何结构形状），旨在以构型设计训练培养学生的创造性思维能力。

　　本书内容的选取和编排注重学生的学习心理和认知规律，遵循"工程图学"课程"必需、够用"的原则。本书结构与教学实施过程一致，能够有计划地引导学生及时开展课前预习和课后复习。

　　本书为新形态教材，以二维码的形式链接了例题讲解微课视频和立体动画，学生可以扫描对应的二维码查看；实践练习的全部答案、三维模型均有电子资源，向授课教师免费提供，需要者可登录机械工业出版社教育服务网（www.cmpedu.com）下载。

　　本书由吕秋娟、王鑫峰任主编。本书主要内容的编写和例题讲解视频的制作由吕秋娟、王鑫峰、赵少宁、何美莹、张艺萱和师世豪完成，立体动画的制作由梁晨宇完成，秦忠宝、郭志青和李艳娇负责统稿和部分图文的修改工作。

　　本书在编写过程中，参考了一些同类教材、习题集、手册等，在此向相关作者表示感谢。由于编者水平有限，书中难免会存在错漏和不妥之处，敬请读者批评指正。

编　者

目　　录

第1章 制图基本知识

1.1 内容导学

一、内容框架

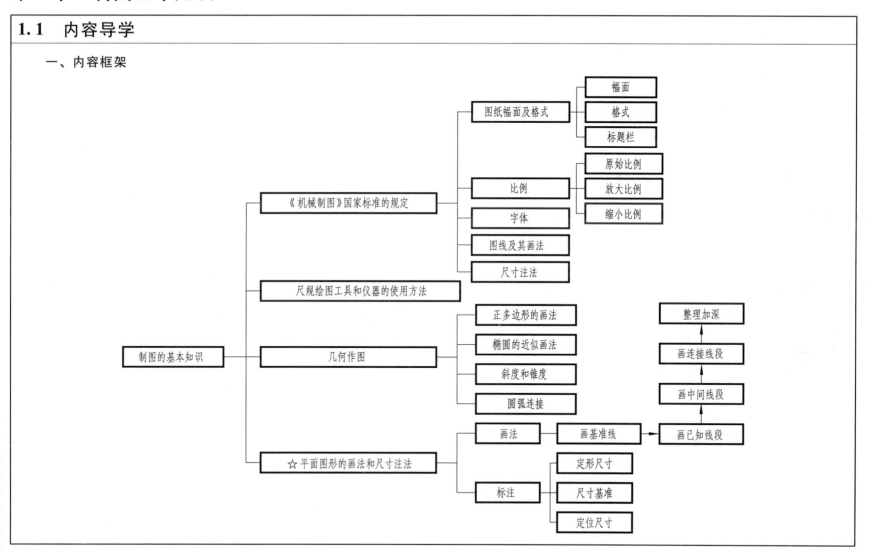

二、知识要点

1. 图纸幅面和格式（摘自 GB/T 14689—2008）

图纸幅面：图纸宽度与长度组成的图面。

图框：图纸上限定绘图区域的线框，它的格式分为不留装订边和留装订边两种。图框在图纸上必须用粗实线绘制。

2. 比例（摘自 GB/T 14690—1993）

比例：图样中图形与其实物相应要素的线性尺寸之比。

分类：比值大于 1 的比例为放大比例，比值等于 1 的比例为原值比例，比值小于 1 的比例为缩小比例。

3. 字体（摘自 GB/T 14691—1993）

字体是指图中汉字、字母、数字的书写方式。

汉字应写成长仿宋体，并采用国家正式公布推行的简化字。

图样中的字体书写需做到：字体工整、笔画清楚、间隔均匀、排列整齐。

4. 图线及其画法（摘自 GB/T 17450—1998、GB/T 4457.4—2002）

机械图样通常采用 9 种基本图线：粗实线、细实线、细虚线、细点画线、细双点画线、波浪线（细）、双折线（细）、粗虚线、粗点画线。

5. 尺寸注法（摘自 GB/T 4458.4—2003）

（1）尺寸注法的基本规则

1）机件的真实大小应以图样上所注的尺寸数值为依据，与图形的大小及绘图的准确度无关。

2）图样中的尺寸，以毫米为单位时，不需标注计量单位符号，若采用其他单位，则必须注明相应的单位符号。

3）图样中所标注的尺寸，为该图样所示机件的最后完工尺寸，否则应另加说明。

4）机件的每一尺寸，一般只标注一次，并应标注在反映该结构最清晰的图形上。

（2）尺寸要素　包括尺寸界线、尺寸线、尺寸数字。

三、作图要领

要正确地绘制平面图形并标注其尺寸，必须熟练掌握平面图形的尺寸分析和线段分析。

1. 平面图形的尺寸分析

1）尺寸基准：作为定位尺寸起点的点和直线。

2）定位尺寸：确定平面图形中所含的封闭图形之间，以及组成封闭图形的线段之间的相对位置的尺寸。

3）定形尺寸：确定平面图形中各封闭图形的大小和形状的尺寸。

2. 平面图形的线段分析

1）已知线段：根据所注的尺寸，就能直接画出的圆、圆弧或直线。

2）中间线段：需要根据一个与已知线段的连接关系或通过一个已确定的点才能画出的圆弧或直线。

3）连接线段：需要根据两个与已知线段的连接关系或过定点才能画出的圆弧或直线。

3. 平面图形的画图步骤

1）画基准线：依据尺寸基准画出基准线。

2）画已知线段。

3）画中间线段。

4）画连接线段。

5）整理加深。

1.2 例题解析

【例 1-1】 分析图 1-1 所示的平面图形尺寸，并抄画该图形。

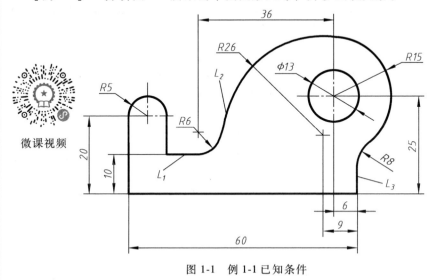

微课视频

图 1-1 例 1-1 已知条件

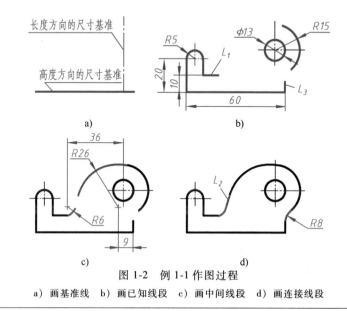

a)

b)

c)

d)

图 1-2 例 1-1 作图过程

a）画基准线 b）画已知线段 c）画中间线段 d）画连接线段

分析：

尺寸按照其在平面图形中的作用分为定形尺寸和定位尺寸。如图 1-1 所示，该平面图形的定形尺寸为：60、10、20、$R5$、$R6$、$\phi13$、$R15$、$R8$、$R26$。而要分析定位尺寸，要先确定尺寸基准：在长度方向的尺寸基准为 $\phi13$ 圆竖直方向的点画线，高度方向的基准为长度 60 的线段；分析出定位尺寸为：20、10、6、9、25 和 36。

结合平面图形的线段分析可知：长度为 60、20、10 的直线和 L_1、L_3，$R5$、$R15$ 圆弧，$\phi13$ 圆为已知线段；$R6$、$R26$ 圆弧为中间线段；L_2 直线和 $R8$ 圆弧为连接线段。

作图：

1）选定基准，画基准线，如图 1-2a 所示。

2）画已知线段：长度为 60、20、10 的直线和 L_1、L_3，$R5$、$R15$ 圆弧和 $\phi13$ 圆，如图 1-2b 所示。

3）画中间线段：$R6$、$R26$ 圆弧，如图 1-2c 所示。

4）画连接线段：直线 L_2，圆弧 $R8$，如图 1-2d 所示。

5）加深图稿、整理图面：按照先曲线后直线、先实线后其他图线的顺序加深。

1.3 实践练习

1.3 实践练习	专业：	学号：	姓名：

1-1 练习书写汉字、数字和字母。

大学机械制图标准材料比例名称姓件

备注审核日期第张技术要求序号数量

视图主俯左剖视断面半局部圆角注明

1234567890∅ABCDEFGHI

JKLMNOPQRSTUVWXYZ

1-2 在指定位置抄画图线。

1-3 在指定位置抄画平面图形。

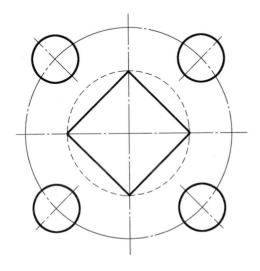

1-4 给以下平面图形注写尺寸（尺寸数值按 1：1 的比例从图上量取并取整数）。

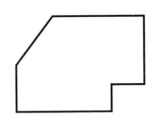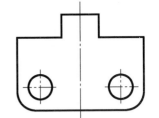

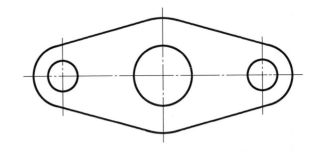

1-5　分析平面图形的尺寸，在指定位置按 2：1 的比例抄画图形，并标注尺寸。

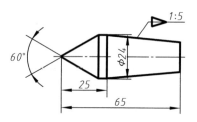

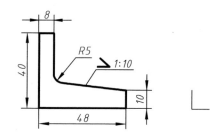

1-6　参照已知图形，在指定位置抄画平面图形（未注尺寸数值按 1：1 的比例从图上量取并取整数）。

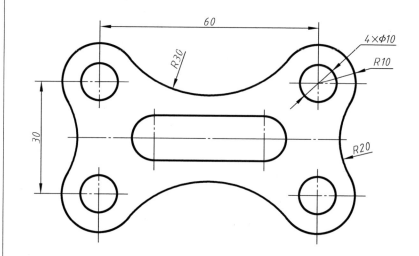

1-7 在下侧方格纸中，徒手抄画给出的平面图形。

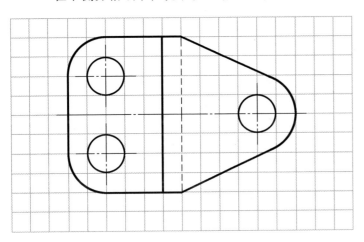

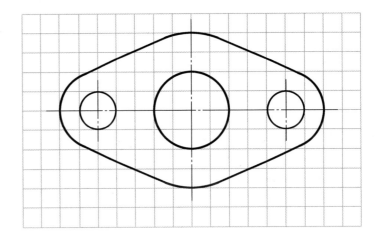

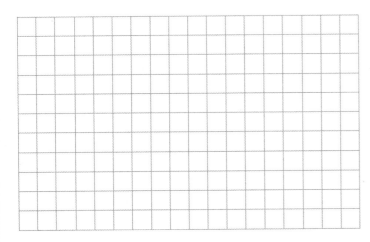

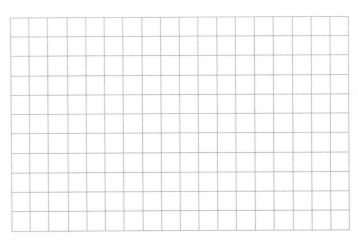

1-8　将下面的图形按 2 : 1 的比例画在 A3 幅面的图纸上，图名填写"仪器绘图"，图号填写"01.01"。

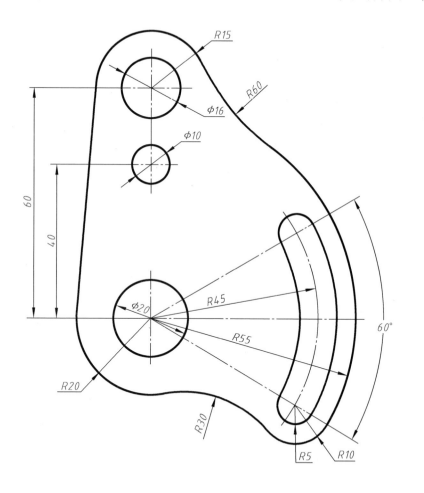

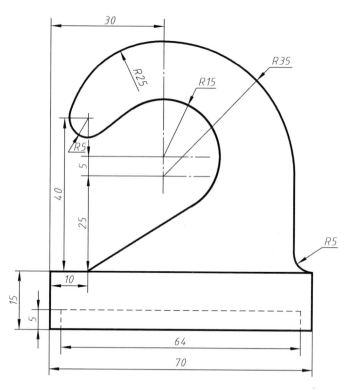

1-9　将下面的图形按 2：1 的比例画在 A3 幅面的图纸上，图名填写"仪器绘图"，图号填写"01.02"。

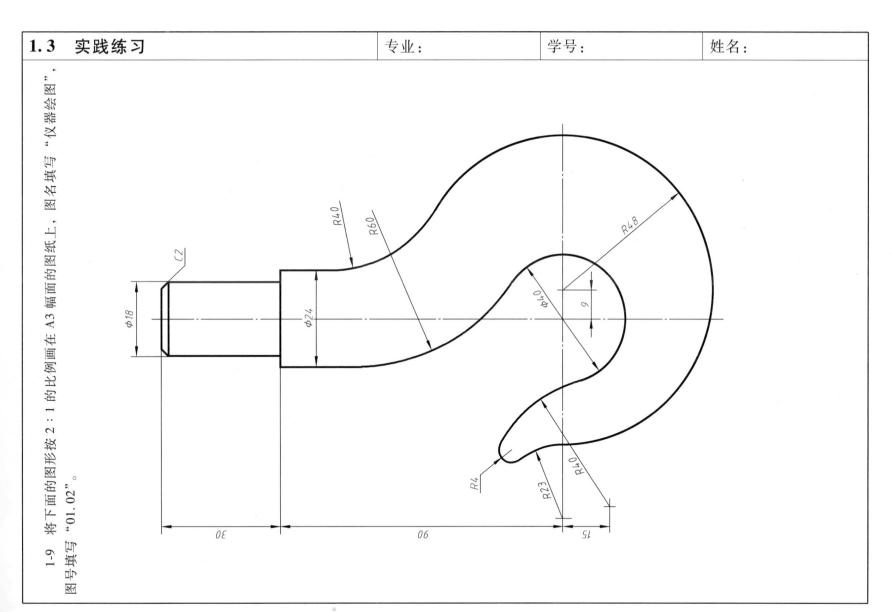

第2章 点、直线、平面的投影

2.1 内容导学

一、内容框架

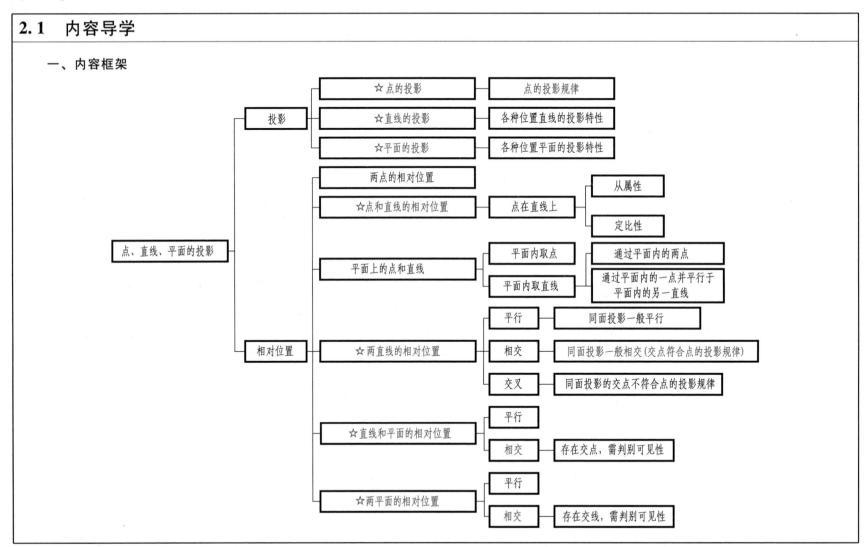

二、知识要点

1. 投影法

投射线通过物体，向选定的面投射，并在该面上得到图形的方法。

分类：中心投影法和平行投影法。按投射方向与投影面是否垂直，平行投影法分为斜投影法和正投影法两种。

2. 三视图的投影规律

主视图与俯视图　长对正

主视图与左视图　高平齐

俯视图与左视图　宽相等

3. 点的投影规律

$aa' \perp OX$；$a'a'' \perp OZ$；$aa_x = a''a_z$。

4. 两点的相对位置

两点的相对位置是指空间两点的上下、前后、左右位置关系，这种位置关系可以通过两点同面投影的相对位置或坐标的大小来判断，即 x 坐标大的在左，y 坐标大的在前，z 坐标大的在上。

5. 重影点

当两点位于同一投射线上时，它们在与该投射线垂直的投影面上的投影重合，这两点称为对该投影面的重影点，将其中不可见的点的投影加括号表示。

6. 直线的投影特性

（1）直线的投影　直线的投影仍为直线，因此直线的投影可由直线段两个端点的同面投影来确定。

（2）直线在三投影面体系中的投影特性

1）投影面平行线：只平行于某一个基本投影面而对另外两个基本投影面成倾斜位置的直线。

分类：水平线、正平线、侧平线。

特性：在与线段平行的投影面上，该线段的投影为倾斜线段，反映实长；另两个投影分别平行于相应的投影轴，且都小于实长。

2）投影面垂直线：垂直于某一个基本投影面的直线。

分类：铅垂线、正垂线、侧垂线。

特性：在与线段垂直的投影面上，该线段的投影积聚为一点；另两个投影分别垂直于相应的投影轴，且都反映实长。

3）一般位置直线：对三个投影面都成倾斜位置的直线。

特性：三个投影都是倾斜线段，且都小于实长。

7. 直线上的点

1）从属性：直线上点的投影必定在该直线的同面投影上。

2）定比性：同一直线上两线段实长之比等于其投影长度之比。

8. 两直线的相对位置

1）两直线平行：所有同面投影在一般情况下均互相平行。

2）两直线相交：所有同面投影在一般情况下均相交，各同面投影的交点之间的关系应符合点的投影规律。

3）两直线交叉：所有同面投影在一般情况下均相交，但各同面投影交点之间的关系不符合点的投影规律。

9. 平面的投影特性

（1）平面的表示法　平面可用不在一条直线上的三点、一直线和直线外一点、平行两直线、相交两直线、任意平面图形表示，这五种表示法可以互相转化。

（2）平面在三投影面体系中的投影特性

1）投影面垂直面：只垂直于某一个基本投影面而对另外两个基本投影面成倾斜位置的平面。

分类：铅垂面、正垂面、侧垂面。

特性：在与平面垂直的投影面上，该平面的投影为一倾斜线段，有积聚性；另两个投影都是缩小的类似形。

2）投影面平行面：平行于某一个基本投影面的平面。

分类：水平面、正平面、侧平面

特性：在与平面平行的投影面上，该平面的投影反映实形；另两个投影分别平行于相应的投影轴，且都具有积聚性。

3）一般位置平面：对三个基本投影面都成倾斜位置的平面。

特性：三个投影都是类似形。

10. 平面内的直线和点

1）平面内取直线。

具备以下两个条件之一的直线必在平面内：①直线通过平面内的两点；②直线通过平面内的一点且平行于平面内的另一直线。

2）平面内取点。

点在平面内的条件是：点在该平面内的一条直线上。因此，要在平面内取点必须先在平面内取直线，然后再在此直线上取点。

11. 直线与平面、平面与平面的相对位置

（1）平行

1）直线与平面平行：如果平面外的一条直线和平面内的一条直线平行，那么这条直线和这个平面平行。

2）两平面平行：如果一个平面内有两条相交直线和另一个平面平行，那么这两个平面平行。

（2）相交

1）直线与平面相交：其交点是直线与平面的共有点，也是直线可见部分与不可见部分的分界点。当直线或平面处于特殊位置时，交点的投影必位于积聚性的投影上。

2）两平面相交：其交线为一条直线，它是两平面的共有线。

求作两平面交线的方法：求出两个共有点，或者一个共有点和交线的方向。

（3）垂直

1）若互相垂直的两直线之一平行于投影面，则它们在这个投影面上的投影也互相垂直。

2）若直线垂直于投影面垂直面，则这条直线平行于该投影面，直线与平面在该投影面上的投影也互相垂直。

3）若互相垂直的两平面垂直于同一投影面时，则它们在这个投影面上的投影也互相垂直。

三、作图要领

1. 点、直线、平面的投影

1）根据已知点的两面投影，熟练应用点的投影规律，完成点的第三面投影。

2）完成直线的投影时，首先要判断直线相对于投影面的位置，根据直线的投影特性，完成其他投影。

3）完成平面的投影时，要利用面上取线、线上取点和直线相对于投影面的位置关系，通过作出面上辅助线的方法，完成平面的投影。

2. 直线与平面、平面与平面相交（至少有一个是特殊位置的平面或直线）

1）直线与平面相交：直线与平面相交，除了作出交点的投影以外，还要判断直线的可见性。只有直线与平面重叠的部分才存在可见性的问题，交点是可见与不可见部分的分界点，一般可以采用直观法或重影点法。

2）平面与平面相交：两平面相交，除了作出交线的投影以外，还要判断两个平面重叠部分的可见性。只有两平面重叠的部分才存在可见性的问题，可见性的判断，也可以采用直观法或重影点法。

2.2 例题解析

【例 2-1】 如图 2-1 所示，已知平面 *ABCD* 的正面投影及直线 *AB* 的水平投影，且 *BC* 为正平线，作出该平面的水平投影。

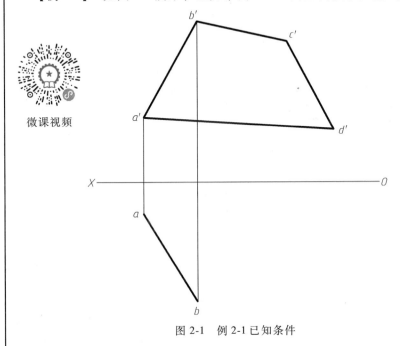

微课视频

图 2-1 例 2-1 已知条件

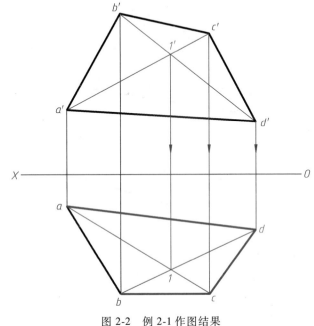

图 2-2 例 2-1 作图结果

分析：

如图 2-1 所示，根据已知条件，求平面 *ABCD* 上点 *C*、*D* 的水平投影 *c*、*d*。由于 *BC* 为正平线，根据正平线的投影特性，*BC* 的水平投影 *bc*//*OX* 轴，即可确定点 *C* 的水平投影 *c*，而点 *D* 又在该平面上，根据平面上取点的方法，可以作出平面内相交直线 *AC* 和 *BD* 交点的水平投影和正面投影，再根据点 *D* 在直线 *BD* 上的投影特性，作出点 *D* 的水平投影 *d*。

作图：

1）过水平投影 *b* 做 *bc*//*OX* 轴。

2）分别连接正面投影 *a'c'*、*b'd'*，交于 *1'*。

3）利用点的投影规律过 *c'*、*1'* 作 *OX* 轴的垂线得到 *c*、*1* 两投影。

4）连接 *b 1* 并延长，根据投影规律由 *d'* 在 *b 1* 延长线上作出 *d*。

5）用粗实线连接水平投影 *adcb*，整理并检查图面。结果如图 2-2 所示。

【例 2-2】 如图 2-3 所示，求直线 MN 与平面 ABC 的交点 K 的投影，并判断其可见性。

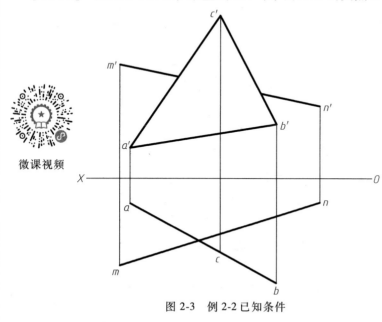

图 2-3 例 2-2 已知条件

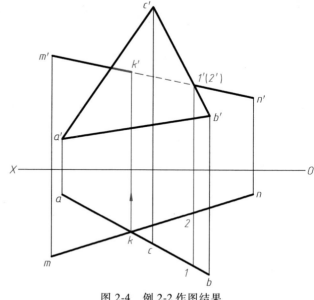

图 2-4 例 2-2 作图结果

分析：

如图 2-3 所示，直线 MN 与平面 ABC 相交。由于平面 ABC 的水平投影 abc 积聚成一直线，因此它为铅垂面，交点的水平投影既在平面 ABC 的积聚性投影 abc 上，又在直线 MN 的水平投影 mn 上，因此，交点 K 的水平投影 k 就是水平投影 mn 与 abc 的交点，再根据直线上取点的方法在正面投影 $m'n'$ 上作出交点的正面投影 k'。交点是可见与不可见部分的分界点，正面投影的可见性可以从水平投影看出，由前向后投影时，km 位于 abc 的前方，因而，在正面投影中 $k'm'$ 是可见的，应画粗实线。以 k 为分界点，kn 位于 abc 的后方，所以正面投影 $k'n'$ 中有一段（重叠部分）不可见，应画成细虚线。也可以采用重影点判断直线可见性，如图 2-4 所示。

作图：

1）在水平投影中将 abc 与 mn 的交点记为 k，过 k 作 OX 轴的垂线交 $m'n'$ 于 k'，k' 即为交点 K 的正面投影。

2）判断直线正面投影的可见性（重影点法）：在正面投影中，以交点为分界点，分别在平面和直线的投影上选取一对重影点记为 $1'$、$2'$，结合点的投影规律作出其水平投影 1 和 2，其中点 I 位于平面 ABC 上，点 II 位于直线 MN 上，且点 II 在点 I 的后方。因此，以交点为分界点，直线 KN 位于平面 ABC 的后方，正面投影 $k'n'$ 中有一段（重叠部分）不可见，画成细虚线；直线 KM 位于平面 ABC 的前方，$k'm'$ 可见，应画粗实线。

3）检查图面，整理加深。结果如图 2-4 所示。

【例 2-3】　如图 2-5 所示，已知平面 *ABC* 与平面 *DEF* 相交，求交线投影并判断其可见性。

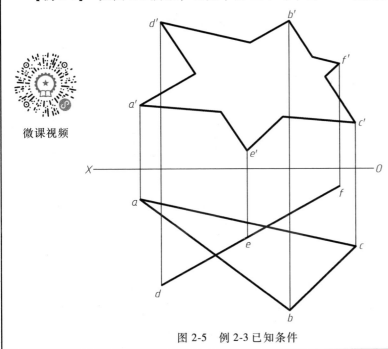

图 2-5　例 2-3 已知条件

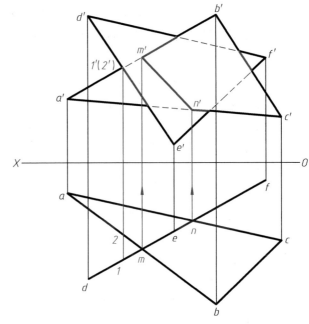

图 2-6　例 2-3 作图结果

分析：

如图 2-5 所示，平面 *ABC* 与铅垂面 *DEF* 相交。由于平面 *DEF* 的水平投影 *def* 积聚成直线，因此平面 *DEF* 为铅垂面，交线的水平投影必定在 *def* 上，而交线也在平面 *ABC* 上，可分别作出平面 *ABC* 的 *AB* 边和 *AC* 边与铅垂面 *DEF* 的两个共有点 *M*、*N*，连接 *m′*、*n′* 即得两平面交线的正面投影。交线一定是可见的，交线是可见与不可见部分的分界线，两个相交的平面存在遮挡关系，它们的投影重合部分有一部分不可见，不可见部分的投影用细虚线画出。可见性可以从平面有积聚性的投影中直接判断出。也可采用重影点的方法，如图 2-6 所示。

作图：

1）在水平投影中分别找到 *ab*、*ac* 与 *def* 的交点 *m*、*n*，在正面投影中分别找到属于 *a′b′*、*a′c′* 上的点 *m′*、*n′*，用粗实线连接 *m′*、*n′* 得到交线的正面投影 *m′n′*。

2）判断平面正面投影的可见性（重影点法）：以交线投影为分界线，在正面投影中选取 *ab* 与 *de* 的重影点 *1′* 和 *2′*，对应找出它们的水平投影 *1* 和 *2*，判断出点 *I* 在前、点 *II* 在后，因此，以交线为分界线，在分界线左侧，平面 *DEF* 在平面 *ABC* 的前方，正面投影 *a′m′n′*（重叠部分）不可见，画成细虚线。交线另一侧的可见性相反。

3）检查图面，整理加深。结果如图 2-6 所示。

2.3　实践练习	专业：	学号：	姓名：

2-1　已知点 A（20，25，20）、点 B（0、10、10），画出 A、B 两点的三面投影，并在三投影面立体图中画出点的空间位置。

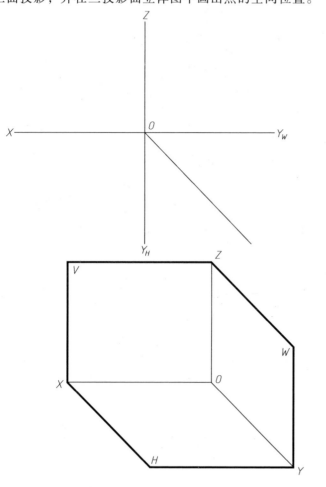

2-2　已知点 A、点 B、点 C 的两面投影，求出其第三面投影。

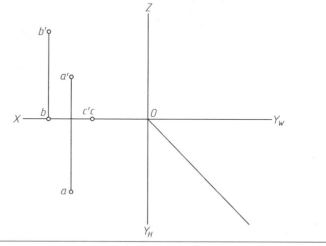

2-3　已知点 A 的投影，点 B 位于点 A 前方 15，下方 10，右方 10，作点 B 的三面投影。

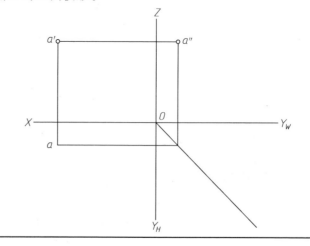

| 2.3 实践练习 | 专业： | 学号： | 姓名： |

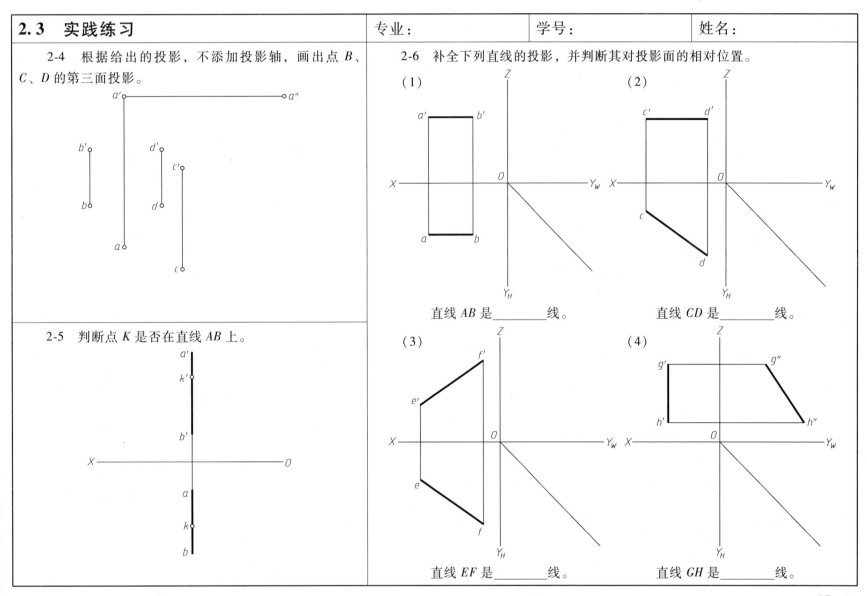

2-4 根据给出的投影，不添加投影轴，画出点 *B*、*C*、*D* 的第三面投影。

2-5 判断点 *K* 是否在直线 *AB* 上。

2-6 补全下列直线的投影，并判断其对投影面的相对位置。

（1）

直线 *AB* 是_____线。

（2）

直线 *CD* 是_____线。

（3）

直线 *EF* 是_____线。

（4）

直线 *GH* 是_____线。

2-7　判断两直线的相对位置并填写在下方的直线上。

（1）

（2）

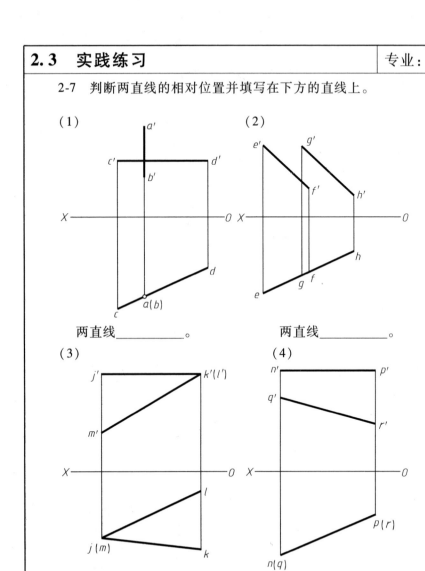

两直线＿＿＿＿＿。

两直线＿＿＿＿＿。

（3）

（4）

两直线＿＿＿＿＿。

两直线＿＿＿＿＿。

2-8　在图中标出交叉两直线上的重影点并判别可见性。

（1）

（2）

（3）

2-9 求平面上点 *M*、*N* 的另一面投影。

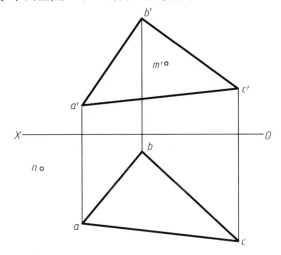

2-11 在平面 *ABC* 内取一点 *K*，使其距离 *H* 面 20mm，距离 *V* 面 25mm，作出点 *K* 的投影。

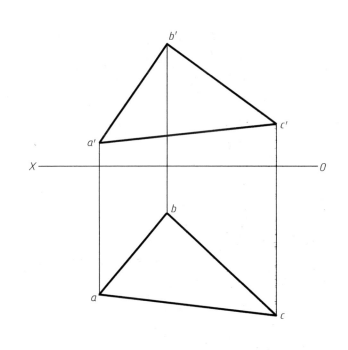

2-10 求过点 *K* 且平行于平面 *ABC* 的水平线 *KL*，作出其投影。

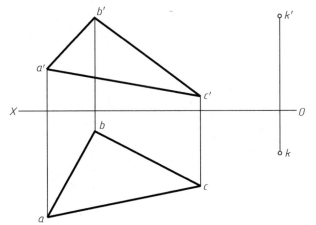

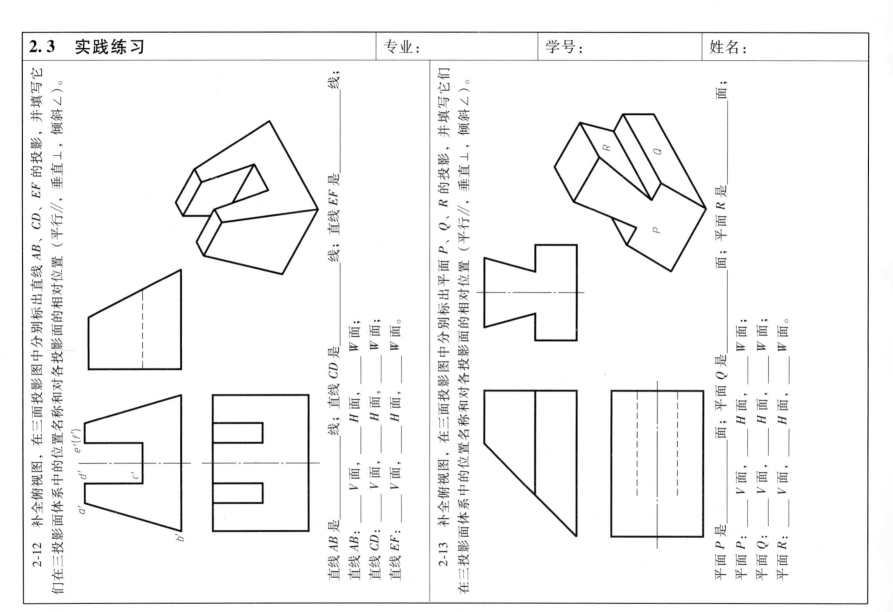

2-12　补全俯视图，在三面投影图中分别标出直线 AB、CD、EF 的投影，并填写它们在三投影面体系中的位置各名称和对各投影面的相对位置（平行//、垂直⊥、倾斜∠）。

直线 AB 是 ＿＿＿＿＿ 线；直线 CD 是 ＿＿＿＿＿ 线；直线 EF 是 ＿＿＿＿＿ 线；

直线 AB：＿＿ V 面，＿＿ H 面，＿＿ W 面；
直线 CD：＿＿ V 面，＿＿ H 面，＿＿ W 面；
直线 EF：＿＿ V 面，＿＿ H 面，＿＿ W 面。

2-13　补全俯视图，在三面投影图中分别标出平面 P、Q、R 的投影，并填写它们在三投影面体系中的位置各名称和对各投影面的相对位置（平行//、垂直⊥、倾斜∠）。

平面 P 是 ＿＿＿＿＿ 面；平面 Q 是 ＿＿＿＿＿ 面；平面 R 是 ＿＿＿＿＿ 面；

平面 P：＿＿ V 面，＿＿ H 面，＿＿ W 面；
平面 Q：＿＿ V 面，＿＿ H 面，＿＿ W 面；
平面 R：＿＿ V 面，＿＿ H 面，＿＿ W 面。

2-14 已知平面 *ABC* 与平面 *DEFG* 平行，完成平面 *ABC* 的水平投影。

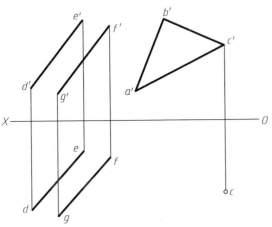

2-15 已知直线 *BC* 为水平线，补全平面 *ABCD* 的正面投影。

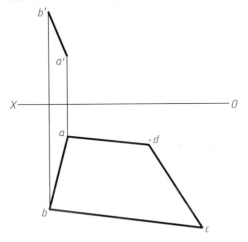

2-16 判断点 *D*、*E* 是否属于平面 *ABC*。

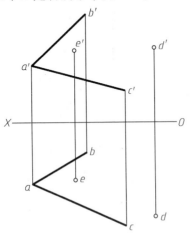

2-17 补全平面 *ABCDE* 的水平投影。

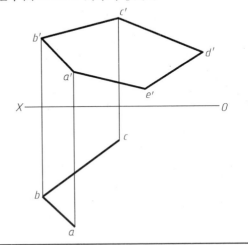

2-18   完成平面的第三面投影，并求属于平面的点 I 的另外两面投影。

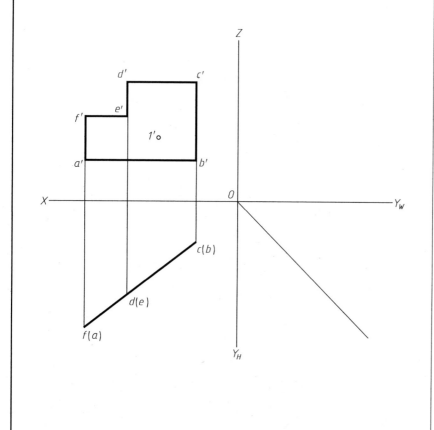

2-19   完成平面的第三面投影，并求属于平面的点 I 、II 的另外两面投影。

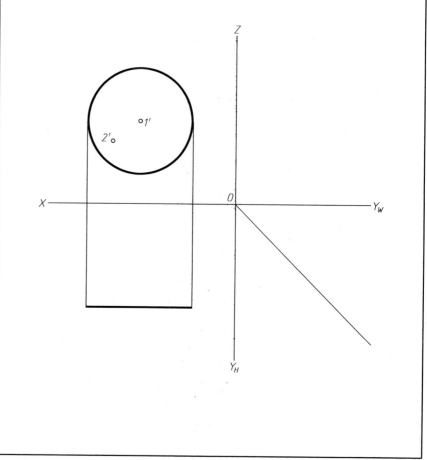

2-20 作出直线 *EF* 与平面 *ABC* 交点 *K* 的两面投影，并判别可见性。

2-21 作出直线 *EF* 与平面 *ABC* 交点 *K* 的两面投影，并判别可见性。

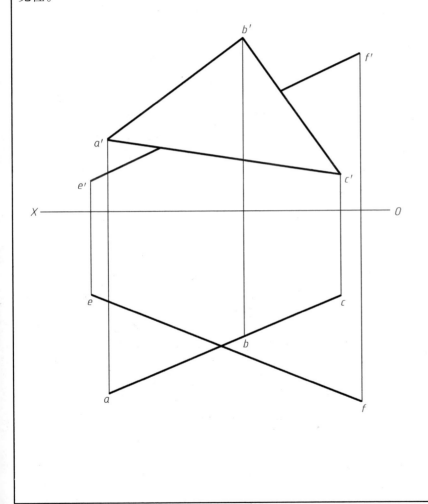

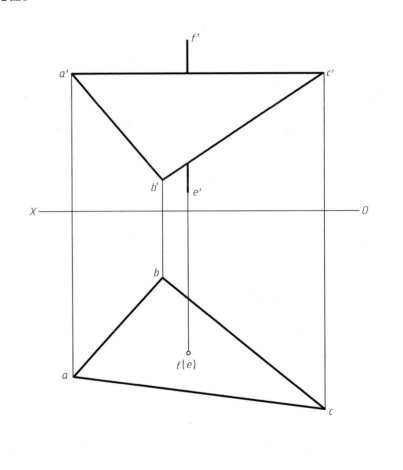

2-22 作出平面 *ABCD* 与平面 *EFG* 交线的投影，并判别可见性。

2-23 作出平面 *ABC* 与平面 *DEF* 交线的投影，并判别可见性。

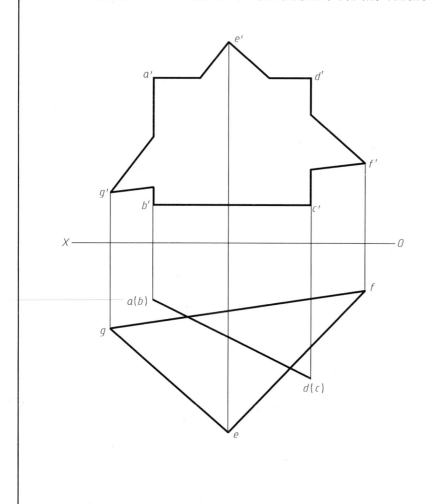

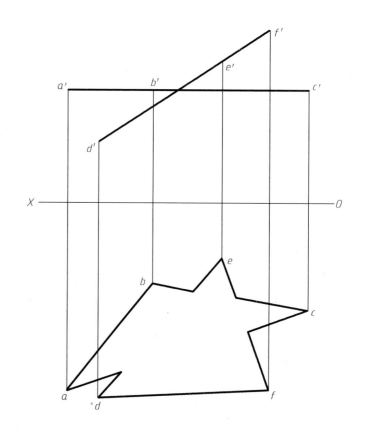

第3章 平面立体

3.1 内容导学

一、内容框架

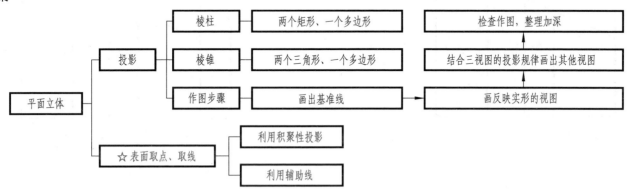

二、知识要点

1. 平面立体

表面都是平面的立体。

2. 分类

棱柱和棱锥。它们都是由棱面和底面围成的实体，相邻两棱面的交线称为棱线。

棱柱的棱线相互平行；棱锥的棱线汇交于一点（锥顶）。

三、作图要领

1. 平面立体的作图步骤

1）画基准线：对称中心线等。

2）画反映平面立体底面实形的视图。

3）画其他两视图。

4）检查并清理底稿，加深图线。

☆**注意**：在视图中，当粗实线和虚线重合时，应画成粗实线；当虚线与点画线重合时，应画成虚线。

2. 表面取点

根据点的已知投影，判断点所属立体表面的空间位置。

方法一：利用立体表面的积聚性投影作图，若该表面投影具有积聚性，则可直接求出点的另两面投影。

方法二：当点和直线所在表面是一般位置平面，三面投影都不具有积聚性时，可以先在平面内过点取出已知直线的投影，再确定点的投影。

3. 表面取线

在平面立体上取线，可分别求出线的端点、与棱线交点的三面投影，并按顺序依次连接。注意线不可跨面连接，连线时需要判断可见性。

3.2 例题解析

【例 3-1】 如图 3-1 所示，已知六棱柱表面上点 A、B 和直线 CD、DE 的一面投影，补全另两面投影。

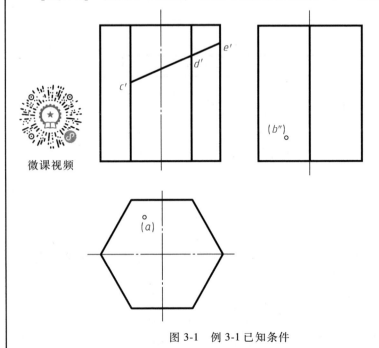

微课视频

图 3-1 例 3-1 已知条件

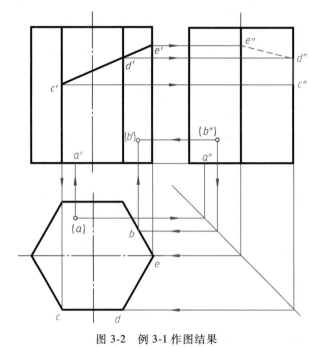

图 3-2 例 3-1 作图结果

分析：

如图 3-1 所示，正六棱柱的六个棱面都是特殊位置平面，点 A、B 和直线 CD、DE 都是六棱柱表面上的点和直线，因此可以利用积聚性投影作图。

由三面投影可知，点 A 位于六棱柱的下底面，可根据投影规律确定出另两面投影。点 B、直线 CD、DE 都是位于六棱柱棱面上的点或直线，其中，点 B 是铅垂面上的点，可先找出其水平投影，再确定其正面投影；同理，对于直线 CD、DE，则分别找出直线端点 C、D、E 的投影，再结合其可见性进行连接即可。

作图：

1）过 a 向上作竖直线，与六棱柱底面的正面投影交于点 a'，结合 a' 和 a 作出 a''；过 b'' 向下作竖直线，再借助 $45°$ 斜线向左作水平线，与六棱柱棱面水平投影交于点 b，利用点的投影规律作出 b'，并判别可见性。

2）分别求出棱线上点的另两面投影 c、d、e、c''、d''、e''。

3）分析可见性并按顺序连线：d'' 是侧面投影中可见与不可见部分的分界，因此，c—d—e、c''—d'' 用粗实线连接，d''—e'' 用细虚线连接。

4）检查图面，整理加深。结果如图 3-2 所示。

3-1 根据主视图和左视图，作出五棱柱的俯视图。

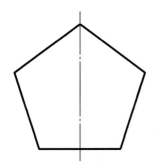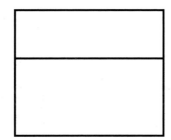

3-2 根据主视图和俯视图，作出四棱锥的左视图。

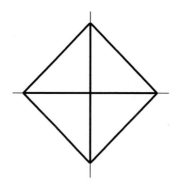

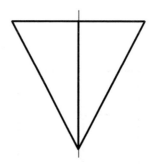

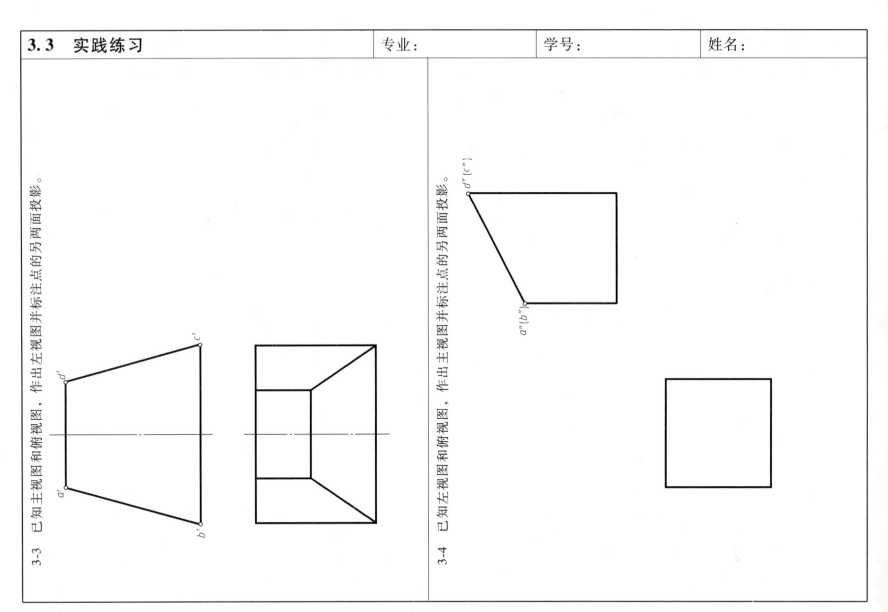

3-3　已知主视图和俯视图，作出左视图并标注点的另两面投影。

3-4　已知左视图和俯视图，作出主视图并标注点的另两面投影。

3.3　实践练习　专业：　　学号：　　姓名：

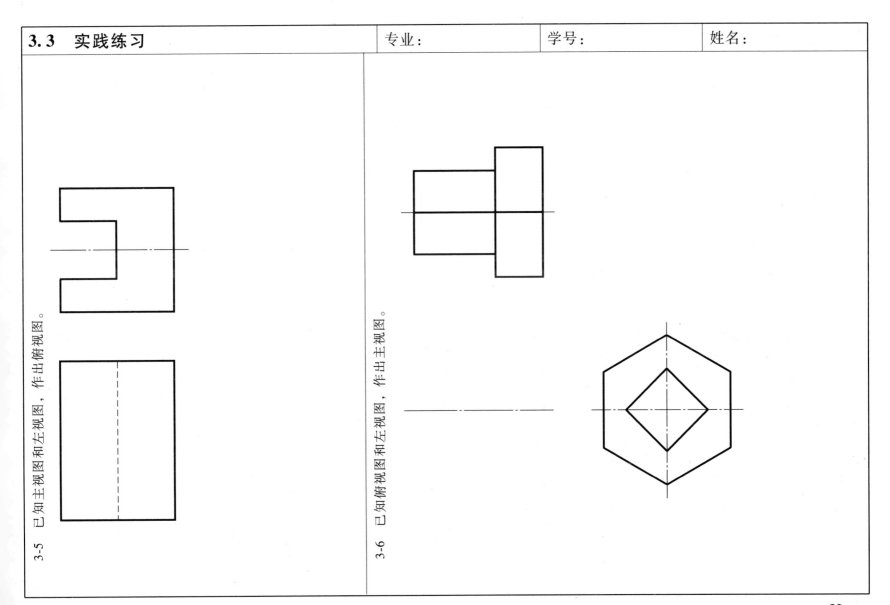

3-5　已知主视图和左视图，作出俯视图。

3-6　已知俯视图和左视图，作出主视图。

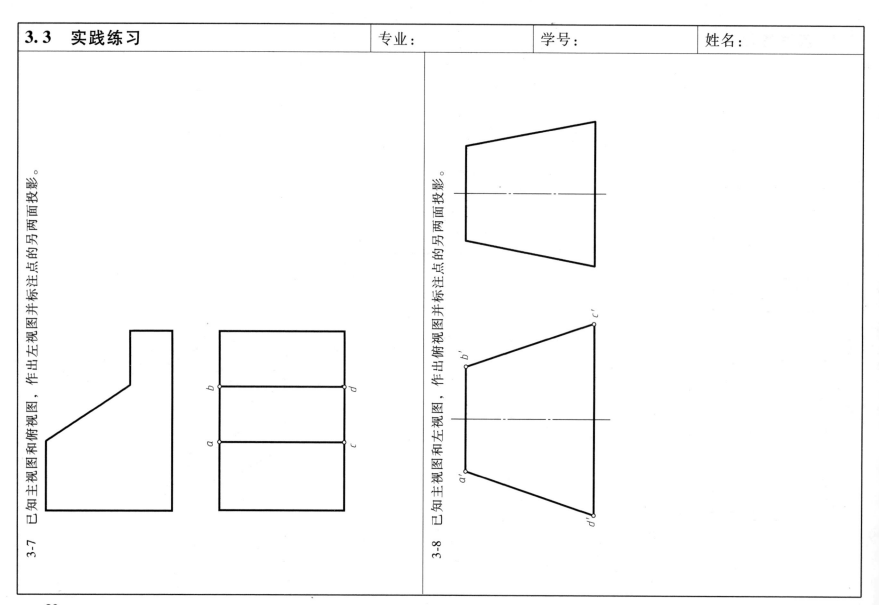

3-7 已知主视图和俯视图，作出左视图并标注点的另两面投影。

3-8 已知主视图和左视图，作出俯视图并标注点的另两面投影。

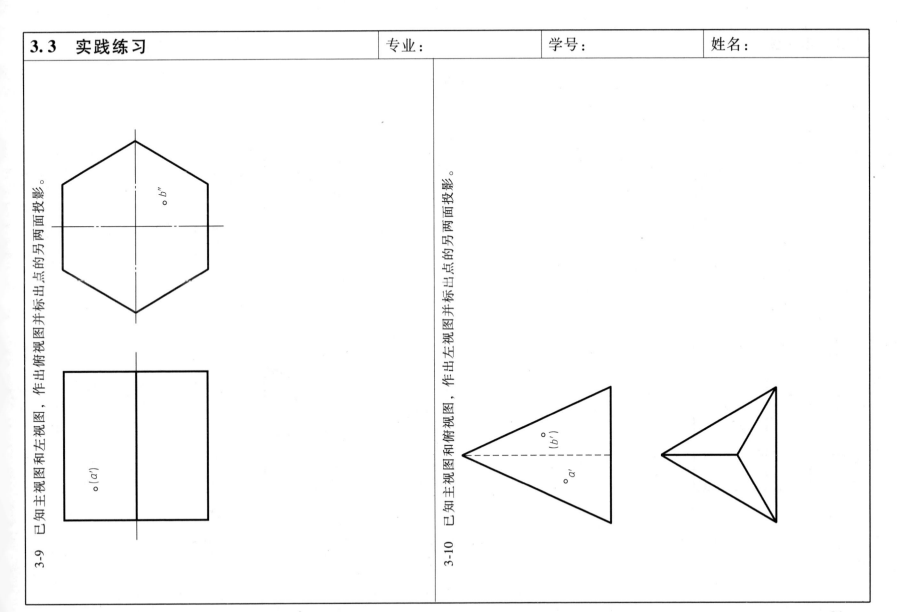

3-9　已知主视图和左视图，作出俯视图并标出点的另两面投影。

3-10　已知主视图和俯视图，作出左视图并标出点的另两面投影。

3-11　已知立体的主视图和左视图，作出俯视图，并根据立体表面上直线 AB、BC 的正面投影作出直线 AB、BC 的另两面投影。

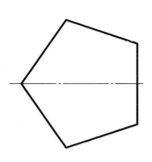

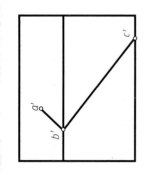

3-12　已知三棱锥的主视图和左视图，作出俯视图，并根据立体表面上直线 AB、BC 的正面投影作出直线 AB、BC 的另两面投影。

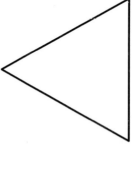

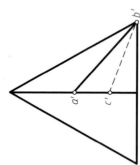

第4章　回转体

4.1　内容导学

一、内容框架

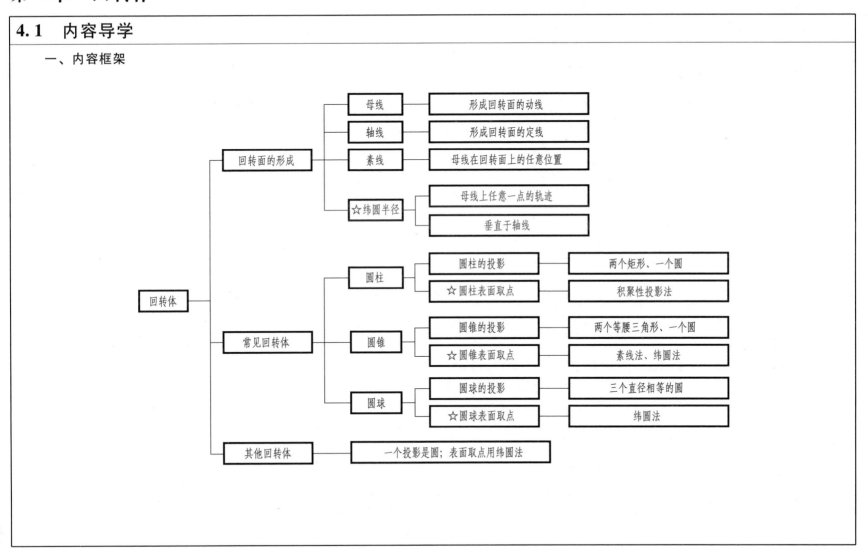

二、知识要点

1. 回转体

由回转面或回转面与垂直于轴线的平面作为表面的实体，称为回转体（如圆柱、圆锥、圆球、圆环等）。

2. 回转面的形成

1）回转面：一动线（直线、圆弧或其他曲线）绕同平面内一定线（直线）回转一周所形成的曲面。

2）轴线：形成回转面时的定线。

3）母线：形成回转面时的动线（直线、圆弧或其他曲线）。

4）素线：母线在回转面上的任意位置。

5）纬圆：形成回转面时，母线上任意点的轨迹，纬圆所在的平面垂直于轴线。

6）纬圆半径：母线上任意点到轴线的距离，在投影中表现为转向轮廓线上一点到轴线的距离。

3. 常见回转体

圆柱：以圆柱面和垂直于轴线的平面（上、下底面）作为表面的实体。形成圆柱面的母线是一直线，且与轴线平行，圆柱面的素线都是平行于轴线的直线。

圆锥：以圆锥面和垂直于轴线的平面（底面）作为表面的实体。形成圆锥面的母线是一直线，且与轴线非垂直相交，圆锥面的素线都是通过锥顶的直线。

圆球：以球面作为表面的实体。球面可以看成半圆绕其直径（轴线）回转一周而形成的，母线和素线是直径相等的半圆。

三、作图要领

1. 圆柱

圆柱的投影为两个相同的矩形和一个圆。此圆为圆柱面的积聚性投影，在矩形中要用细点画线画出轴线。

圆柱表面取点：

1）找出圆柱面的积聚性投影、转向轮廓线的投影。

2）特殊位置点的投影直接画出，一般位置点的投影利用积聚性投影结合可见性作图。

2. 圆锥

圆锥的投影为两个相同的等腰三角形和一个圆。三角形的腰为圆锥面转向轮廓线的投影，在三角形中要用细点画线画出轴线。

圆锥表面取点：

1）特殊位置点的投影直接画出，一般位置点的投影利用素线法或纬圆法作图。

2）素线法：画出素线的三面投影，再利用线上取点的方法作图。

3）纬圆法：画出纬圆的三面投影（两面投影为三角形中平行于底边的直线，另一面的投影为底面的同心圆），再利用线上取点的方法作图。

3. 圆球

圆球的三面投影均为直径相等的圆。

圆球表面取点：

1）特殊位置点的投影直接画出，一般位置点的投影利用纬圆法作图。

2）画出纬圆的三面投影（两面投影为直线，另面的投影为圆球投影的同心圆，过一点可以做平行于正平面、水平面、侧平面的三种纬圆），再利用线上取点的方法作图。

4.2 例题解析

【例 4-1】 如图 4-1 所示，已知圆柱表面上点 A 和直线 BC 的正面投影 a′和 b′c′，作出点 A 和直线 BC 另两面投影。

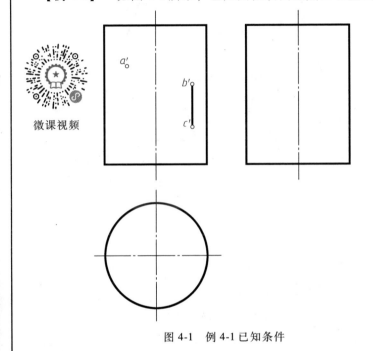

图 4-1 例 4-1 已知条件

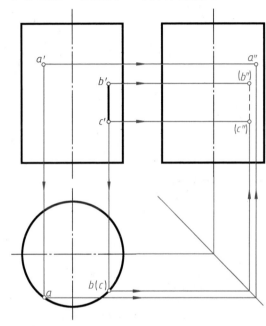

图 4-2 例 4-1 作图结果

分析:

由图 4-1 可知，该圆柱的轴线为铅垂线，其柱面的水平投影积聚成一圆，点 A 和直线 BC 的水平投影必在该圆周（圆柱面积聚性投影）上。点 A 的正面投影 a′可见，所以点 A 应在左前圆柱面上，其水平投影 a 在前半圆周上，侧面投影 a″可见；直线 BC 的正面投影 b′c′可见，所以直线 BC 应在右前圆柱面上，侧面投影 b″c″不可见，点 C 在点 B 的正下方，点 B 水平投影 b 可见、点 C 的水平投影 c 不可见。

作图:

1）过点 A 的正面投影 a′向下作竖直线，交水平投影圆前半圆周于点 a，则 a 为点 A 的水平投影，再根据点的投影规律作出点 A 的侧面投影 a″。

2）过直线 BC 的正面投影 b′c′向下作竖直线，交水平投影圆前半圆于点 b（c），则 b（c）为直线 BC 的水平投影（积聚性投影），再根据点的投影规律作出其侧面投影 b″c″。

3）判断可见性，结果如图 4-2 所示。

【例 4-2】 如图 4-2 所示，已知圆锥表面上点 A 的正面投影 a'、点 B 的侧面投影 b'' 和点 C 的水平投影 c，作出各点的另两面投影。

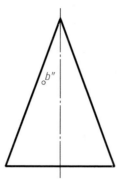

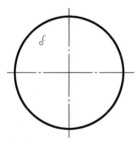

图 4-3　例 4-2 已知条件

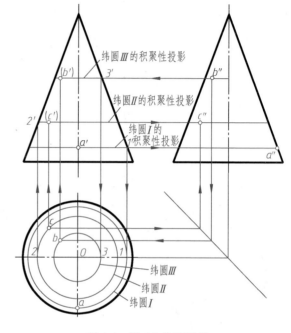

图 4-4　例 4-2 作图结果

分析：

圆锥在三个投影面上都没有积聚性，所以在圆锥面上取点时，必须要作一条通过所求点的辅助线。其方法是做出辅助线的三面投影，然后再利用线上取点的方法作图。辅助线可以是素线也可以是纬圆，因为纬圆在其他回转体中更为通用，所以本例用纬圆法求解。由图 4-3 可知，点 A 的正面投影 a' 可见，且在轴线的投影上，由此可知点 A 在锥面最前素线上。点 B 的侧面 b'' 可见，则点 B 在锥面左半面上。点 C 的水平投影 c 落在圆的左后部分，则点 C 在锥面的左后面上。

作图：

1）过点 A 的正面投影 a' 作水平线，与圆锥正面投影和侧面投影的转向轮廓线相交，得到纬圆 I 的正面和侧面投影（直线），过点 $1'$ 向下作竖直线，再作出纬圆 I 的水平投影，则点 A 的三面投影就在纬圆的三面投影上，利用点的投影规律可作出点 A 的水平投影 a 和侧面投影 a''。

2）同上，利用纬圆 II、纬圆 III 完成点 B、C 的另两面投影。

3）判断可见性。点 B、C 在圆锥面的左后锥面，其正面投影 b'、c' 不可见，需加括号，结果如图 4-4 所示。

【例4-3】 如图4-5所示，已知圆球表面上点A、B的正面投影a′、b′，作出各点的另两面投影。

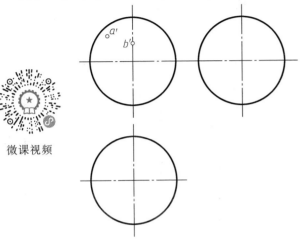

图4-5 例4-3已知条件

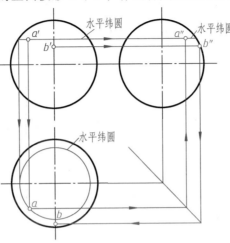

图4-6 水平纬圆作图

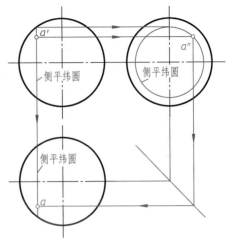

图4-7 侧平纬圆作图

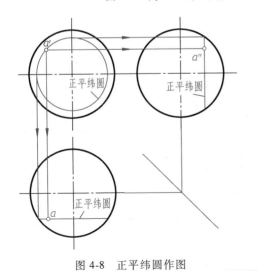

图4-8 正平纬圆作图

分析：

圆球在三个投影面上都没有积聚性，求一般位置点的投影都必须利用辅助线（纬圆）。其方法是做出纬圆的三面投影，然后利用线上取点的方法作图。由图4-5可知，点B为特殊位置点，它的正面投影b′在圆球正面投影的中心线上，则侧面投影必在转向轮廓线（圆）上，可以直接作图。对于一般位置点A的另两面投影a、a″，则需要利用纬圆作为辅助线（有水平圆、正平圆和侧平圆三种位置的纬圆）来作图。

作图：

1）过点B的正面投影b′作水平线，交圆锥侧面投影的转向轮廓线于点b″，再利用点的投影规律作出其水平投影b，如图4-6所示。

2）方法一：如图4-6所示，过点A的正面投影a′作水平线，即得水平纬圆的正面投影和侧面投影（直线），再作纬圆的水平投影（圆），利用线上取点和点的投影规律作出点A的水平投影a和侧面投影a″；方法二：如图4-7所示，利用侧平纬圆作图；方法三：如图4-8所示，利用正平纬圆作图。

3）根据点在圆球表面上的位置，判断可见性。作图结果如图4-6所示。

4-1 作出轴线为铅垂线，底面直径为 34mm、高为 45mm 圆柱的三视图，并标注尺寸。

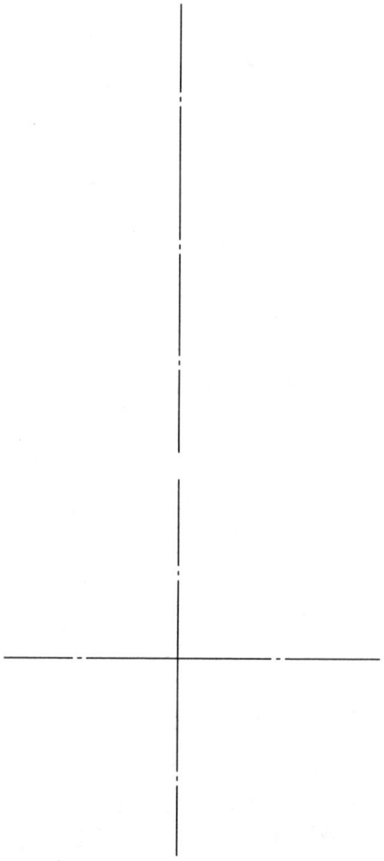

4-2 作出圆柱面上直线 AB 和点 C 的另两面投影。

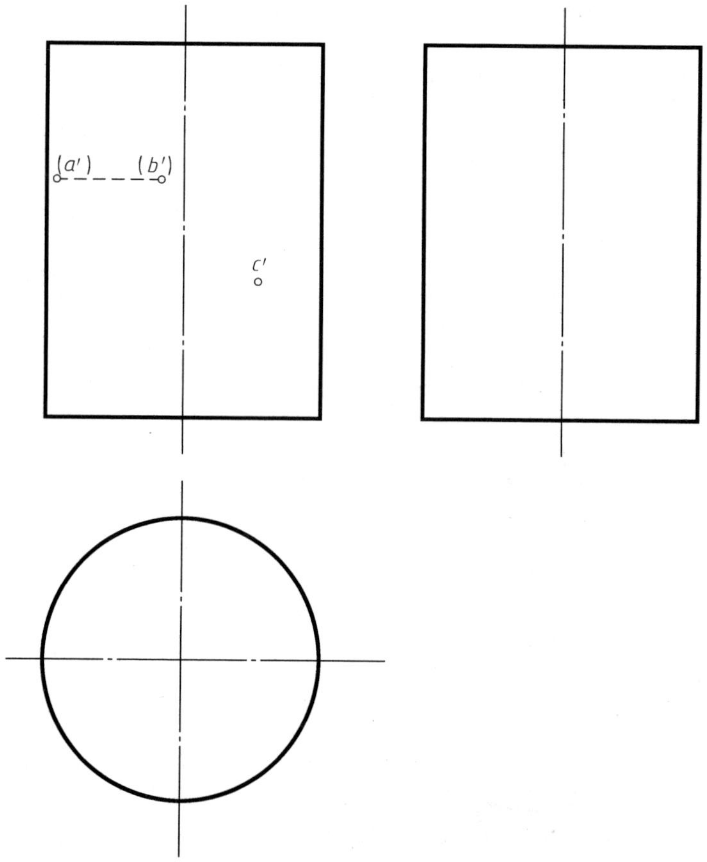

(a')   (b')

c'

4-3 作出圆锥面上点 A、B、C 的另两面投影。

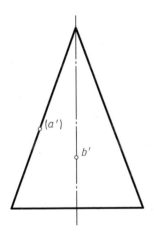 

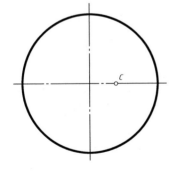

4-4 作出圆锥面上点 A、B、C 的另两面投影。

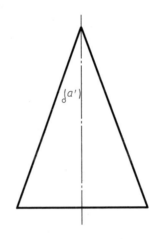 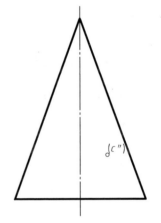

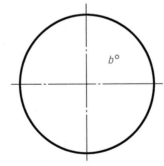

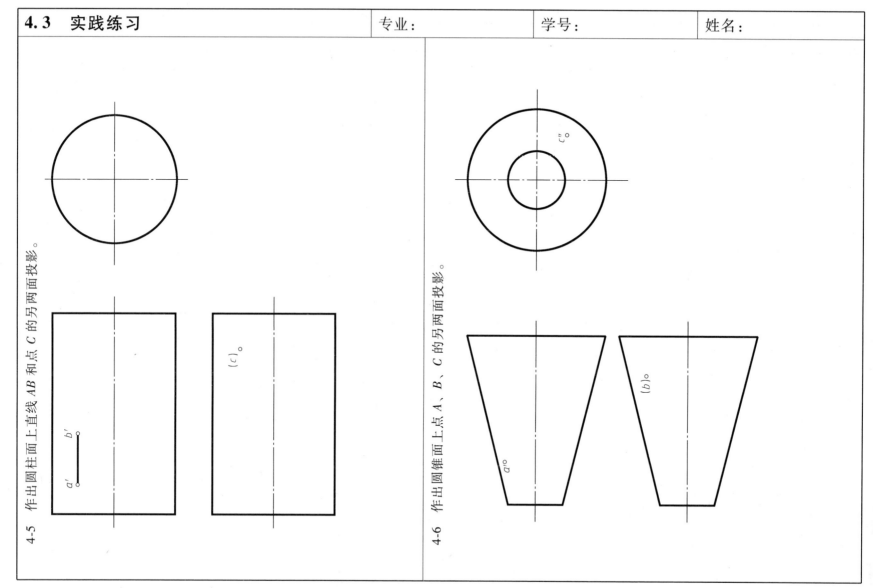

4-5　作出圆柱面上直线 *AB* 和点 *C* 的另两面投影。

4-6　作出圆锥面上点 *A*、*B*、*C* 的另两面投影。

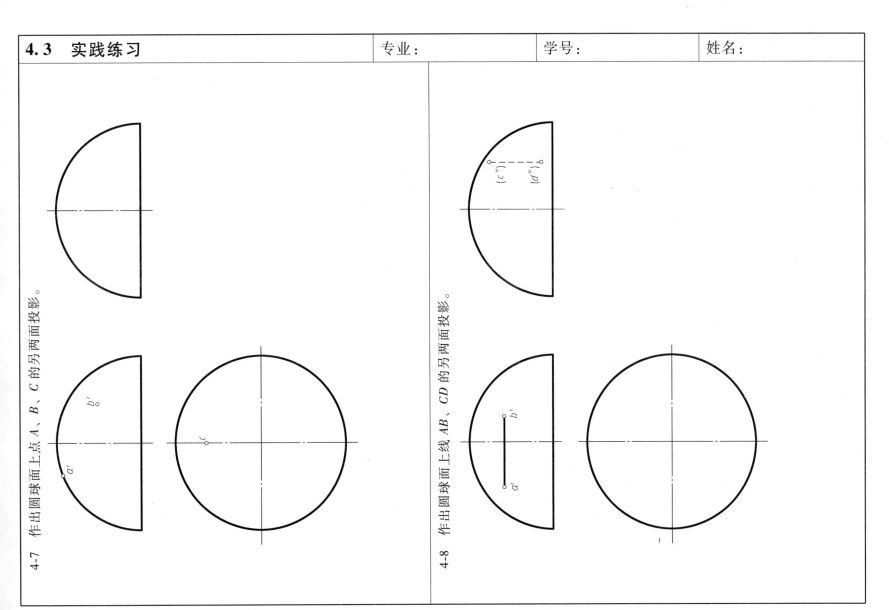

4-7 作出圆球面上点 A、B、C 的另两面投影。

4-8 作出圆球面上线 AB、CD 的另两面投影。

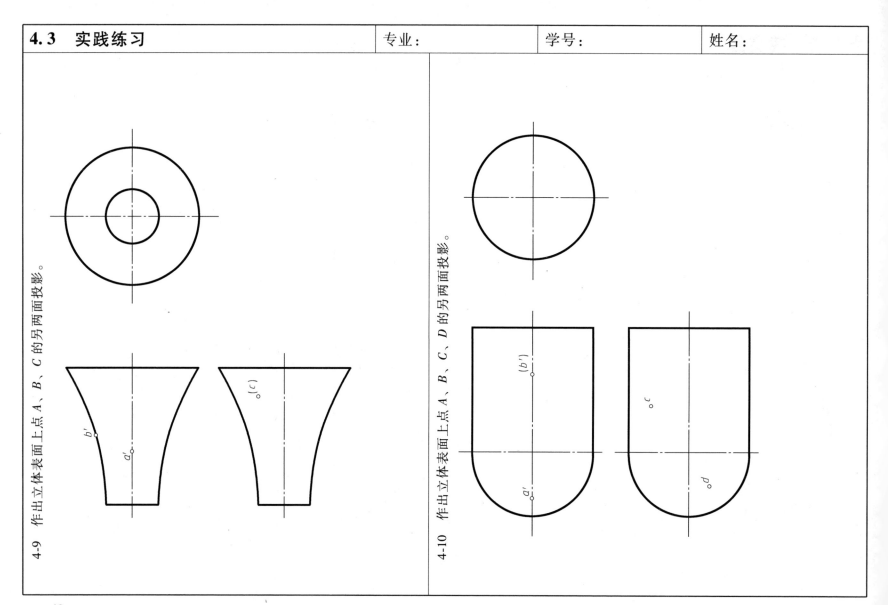

4-9　作出立体表面上点 A、B、C 的另两面投影。

4-10　作出立体表面上点 A、B、C、D 的另两面投影。

第 5 章　截交线

5.1　内容导学

一、内容框架

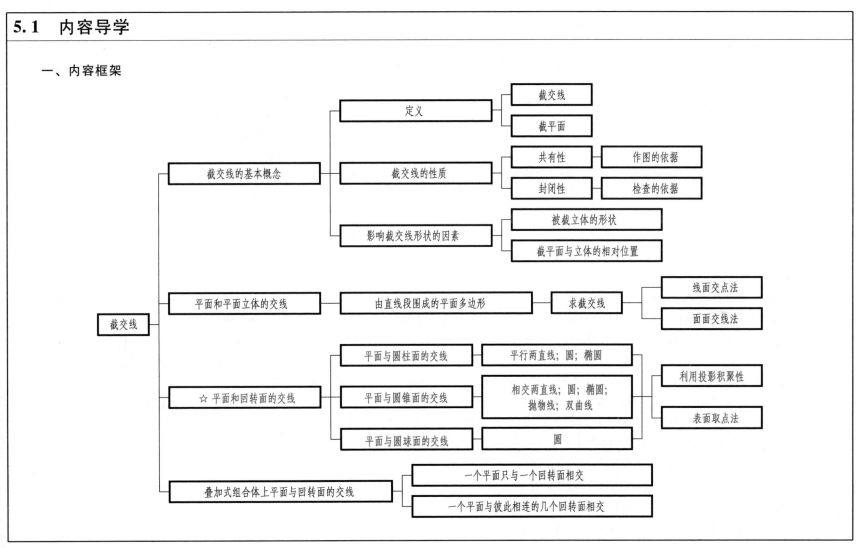

二、知识要点

1. 定义

平面与立体表面相交的交线，称为截交线，该平面称为截平面。

2. 截交线的性质

1）共有性：截交线是截平面与立体表面共有点的集合。

2）封闭性：截交线是封闭的平面图形。

3. 影响截交线形状的因素

1）被截立体的形状。

2）截平面与立体的相对位置。

☆**注意**：当平面与回转面的轴线垂直时，任何回转面的截交线都是圆，这个圆就是纬圆。

4. 平面和平面立体的交线

平面立体的截交线是一封闭的平面多边形，多边形的边是截平面与各棱面（或底面）的交线，多边形的顶点是截平面与平面立体的棱线（或底边）的交点。

5. 平面和回转面的交线

1）平面与圆柱面的交线：当平面平行于圆柱体轴线时，交线为平行两直线；当平面垂直于轴线时，交线为圆；当平面倾斜于轴线时，交线为椭圆。

2）平面与圆锥面的交线：当平面过锥顶时，交线为相交两直线；当平面垂直于轴线时，交线为圆；当平面与轴线倾斜，且 $\theta > \alpha$ 时，交线为椭圆；当平面与轴线倾斜，且 $\theta = \alpha$ 时，交线为抛物线；当平面与轴线倾斜，且 $\theta < \alpha$ 时，交线为双曲线。其中，θ 为平面与圆锥轴线的夹角，α 为半锥角，即圆锥素线与轴线的夹角。

3）平面与圆球面的交线：平面与球面的交线总是圆。

6. 叠加式组合体上平面与回转面的交线

叠加式组合体上经常会出现平面与立体相交的情况，一种是一个平面只与一个回转面相交，另一种是一个平面与彼此相连的几个回转面相交。绘制这些交线时，首先必须进行形体分析，分析清楚组合体由哪些基本几何体组成，哪些平面与相邻基本体的表面有交线，然后逐一作出每个平面所产生的交线。

三、作图要领

立体表面的截交线是组合体形状变化的重要因素，也是表达其几何特征的核心要素，对理解立体形状、构想立体模型具有极其重要的影响，是培养三维空间思维能力的重要支撑。

1. 平面和平面立体交线的作图方法

1）线面交点法：作出截平面和平面立体各棱线（或底边）的交点的投影，然后按顺序将各投影用直线段连接，即可作出截交线的投影。

2）面面交线法：作出截平面和平面立体各表面的交线的投影，各段投影围成的多边形即为所求的截交线的投影。

2. 平面和回转面交线的作图方法

1）空间分析和投影分析：根据回转面的形状及截平面与回转面轴线的相对位置分析截交线的空间形状和投影特点。

2）若截交线为直线，求其两端点的投影；若截交线为圆或圆弧，则找出圆心和半径（纬圆法）；若截交线为非圆曲线，则先求特殊点的投影，即极限位置点、转向轮廓线上的点和截交线特征点，再适当补充一般位置点的投影；当多个平面截切回转面时，先判断各个截平面与回转面的交线形状，然后逐个求解截交线的投影，同时注意连接截平面与截平面之间的投影。

3）判断可见性并光滑连接。

4）整理轮廓、检查、加深、完成作图。

5.2 例题解析

【例 5-1】 如图 5-1 所示，已知主视图和俯视图，完成左视图。

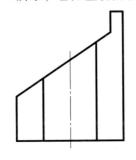

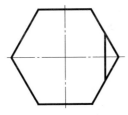

图 5-1 例 5-1 已知条件

微课视频

立体动画

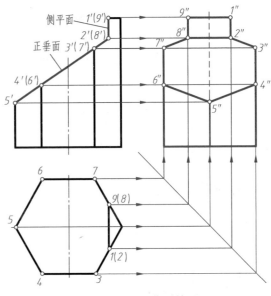

图 5-2 例 5-1 作图结果

分析：

如图 5-1 所示的立体是由六棱柱被一个侧平面和一个正垂面截切而成的，侧平面与六棱柱的交线为四边形，交线的正面投影和水平投影都积聚为一条直线，侧面投影为四边形（反映实形）。

正垂面与六棱柱的交线为七边形，正面投影积聚为一条直线，水平投影和侧面投影都是类似形。

两个截平面的交线为正垂线。

作图：

1）作出完整六棱柱的侧面投影。在主视图和俯视图上标注出截交线上各点的投影。

2）找出侧平面与六棱柱棱面的交点 Ⅰ 、Ⅱ 、Ⅷ 、Ⅸ ，再根据投影规律，作出交点的侧面投影1″、2″、8″、9″。

3）找出正垂面与六棱柱棱线和棱面的交点 Ⅱ 、Ⅲ 、Ⅳ 、Ⅴ 、Ⅵ 、Ⅶ 、Ⅷ ，再根据投影规律，作出交点的侧面投影2″、3″、4″、5″、6″、7″、8″。

4）判断截交线的可见性，依次连接交线的侧面投影。

5）检查、整理棱线的侧面投影，不可见棱线用细虚线表示。结果如图 5-2 所示。

【例 5-2】 如图 5-3 所示，根据所给视图，完成主视图和俯视图。

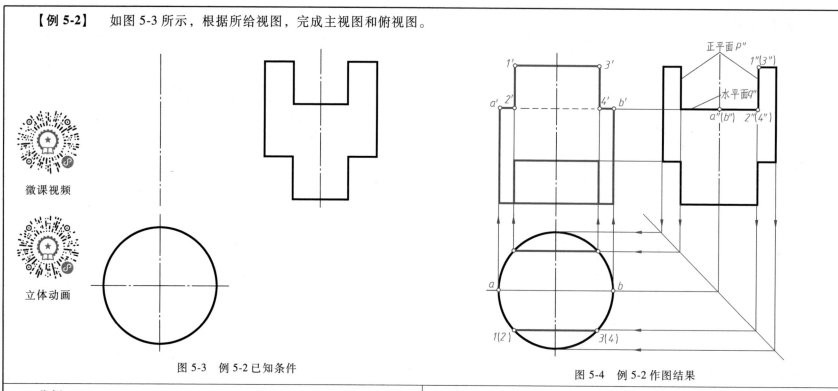

微课视频

立体动画

图 5-3　例 5-2 已知条件

图 5-4　例 5-2 作图结果

分析：

如图 5-3 所示，立体是由圆柱（轴线为铅垂线）被几个平面截切而成的。

圆柱上半部分被前、后对称的两个正平面 P 和一个水平面 Q 截切，两个正平面 P 平行于圆柱的轴线，它们与圆柱面的截交线为平行于轴线的铅垂线，截交线的水平投影积聚于圆柱面的水平投影（圆）上。由于两个正平面前后对称，截交线的正面投影只需作出一个正平面 P 与圆柱面的交线的正面投影。水平面 Q 与圆柱面的截交线为水平圆弧。

圆柱下半部分截切的分析方法同上。

作图：

1）作出完整圆柱的正面投影。

2）作上半部分截交线的投影。在左视图中找出正平面和水平面与圆柱面的交点的投影1"、2"、3"、4"和 a"、b"，然后根据投影关系，作交点的水平投影和正面投影。

3）作下半部分截交线的投影，作图方法同上。

4）判断截交线上各点投影的可见性，依次连接截交线上各点的水平投影和正面投影（不可见交线用细虚线表示）。

5）检查、整理、加深（注意圆柱面对正面的转向轮廓线，在上部方槽范围内已不存在）。结果如图 5-4 所示。

【例 5-3】 如图 5-5 所示，根据所给视图，完成左视图和俯视图。

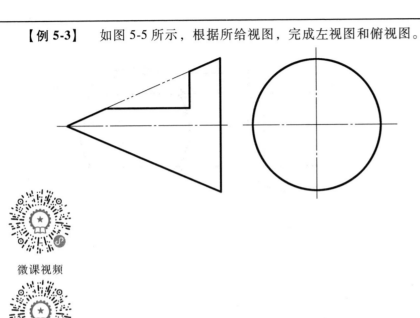

微课视频

立体动画

图 5-5　例 5-3 已知条件

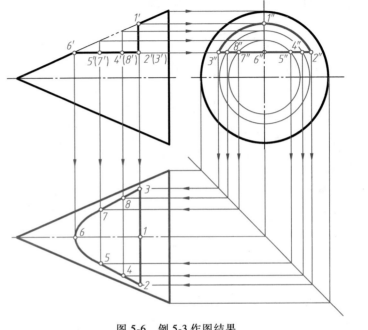

图 5-6　例 5-3 作图结果

分析：

如图 5-5 所示，立体是由圆锥被一个水平面和一个侧平面截切而成的，水平面与圆锥面的交线为抛物线，交线的正面投影和侧面投影均积聚为一条直线，水平投影为抛物线（反映实形）。

侧平面与圆锥面的交线为圆弧，正面投影和水平投影均积聚为一条直线，侧面投影为圆弧（反映实形）。

两个截平面的交线为正垂线。

作图：

1）作出完整圆锥的水平投影。在主视图上标注出截交线上各点的投影。

2）作水平面与圆锥面交线的投影。因为交线的水平投影为非圆曲线，所以先取特殊点 II、III、VI（曲线的顶点和两个端点），再取一般位置点 IV、V、VII、VIII（从曲线的侧面投影入手，利用纬圆法取点），最后判断可见性后依次光滑连接各点投影，得到交线的水平投影。

3）作侧平面与圆锥面交线的投影。因为交线的侧面投影为圆弧，所以利用纬圆法找到圆弧的直径，对应画出侧面投影即可。交线的水平投影为直线，根据投影规律作出即可。

4）检查、整理、加深。结果如图 5-6 所示。

【例 5-4】　如图 5-7 所示，已知圆球被截切后的主视图，完成左视图和俯视图。

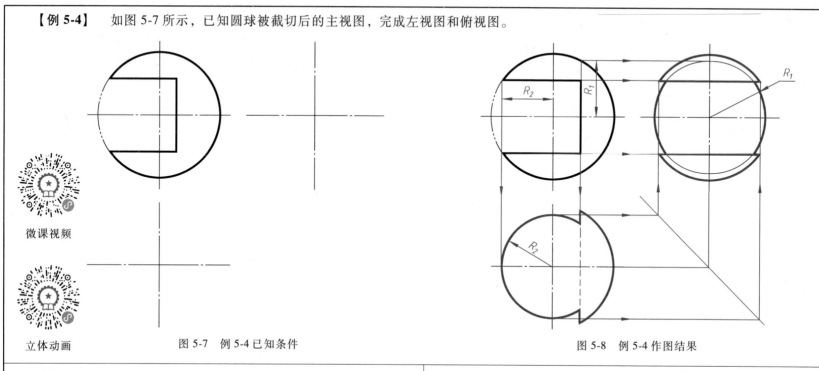

微课视频

立体动画

图 5-7　例 5-4 已知条件

图 5-8　例 5-4 作图结果

分析：

如图 5-7 所示，圆球左侧被挖切出方槽，而方槽是被上下对称的两个水平面和一个侧平面截切形成的。

两个水平面与圆球面交线的正面投影和侧面投影为直线，水平投影为圆弧，而侧平面与圆球面交线的正面投影和水平投影为直线，侧面投影为圆弧。

两个截平面的交线为正垂线。

作图：

1）作出完整圆球的水平投影和侧面投影。

2）作水平面与圆球面交线的投影。由正面投影可以得到圆弧的半径 R_2（利用纬圆法），然后根据圆心和半径 R_2 即可作出，水平投影圆弧，其侧面投影找到对应端点连接即可。

3）作侧平面与圆球面交线的投影。由分析可知，侧平面与圆球面的交线由两段对称的圆弧组成，作两圆弧的侧面投影时，也要注意圆弧半径 R_1 的求法，其水平投影找到对应端点连接即可。

4）作出水平面和侧平面交线的投影，注意判断可见性。

5）检查、整理、加深。结果如图 5-8 所示。

【例 5-5】 如图 5-9 所示，已知左视图和俯视图，完成主视图。

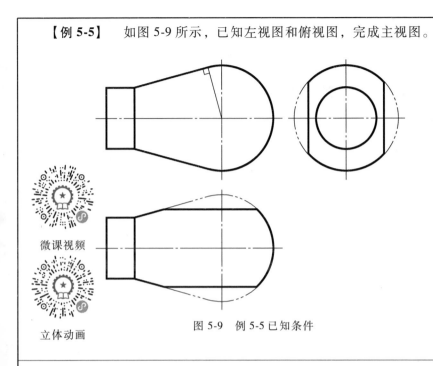

微课视频

立体动画

图 5-9　例 5-5 已知条件

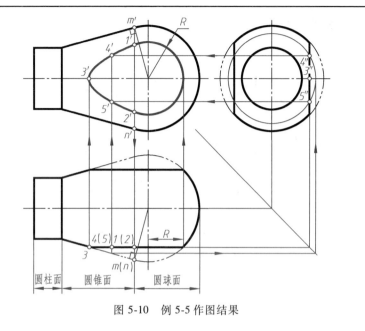

图 5-10　例 5-5 作图结果

圆柱面　圆锥面　圆球面

分析：

由图 5-9 可以看出，该立体是由轴线垂直于侧面、同轴线的圆柱、圆锥及半圆球组成的组合体，其被两个前后对称的正平面所截。

其中，正平面与圆锥面的交线为抛物线，交线的水平投影和侧面投影为直线，正面投影为抛物线（反映实形）。

正平面与圆球面的交线为半圆弧，交线的水平投影和侧面投影为直线，正面投影为半圆弧（反映实形）。

作图：

1）确定圆锥面和圆球面的分界线。在主视图中从球心作圆锥面转向轮廓线的垂线得到交点 m'，过点 m' 作圆锥面轴线的垂线 $m'n'$，连线 $m'n'$ 即为圆锥面和圆球面的分界线投影。

2）作正平面与圆锥面的交线。因为交线的正面投影为非圆曲线，所以先取特殊点 Ⅰ、Ⅱ、Ⅲ（曲线的顶点和两个端点），然后再取一般点 Ⅳ、Ⅴ（从曲线的侧面投影入手，利用纬圆法取点），最后判断可见性后依次光滑连接交线的正面投影。

3）作正平面与圆球面的交线。由水平投影可以得到圆弧的半径 R（利用纬圆法），然后根据圆心和半径可以作出圆弧的正面投影。

4）检查、整理、加深。结果如图 5-10 所示。

5-1 已知主视图和俯视图，正确的左视图是（   ）。

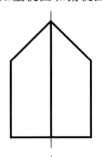

A. 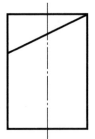   B. 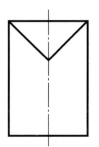   C. 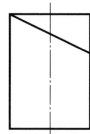   D.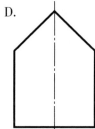

5-2 已知主视图和俯视图，正确的左视图是（   ）。

A. 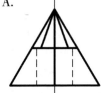   B. 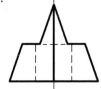   C. 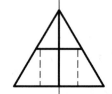   D.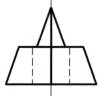

5-3 已知主视图和俯视图，正确的左视图是（　　　）。

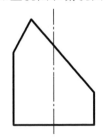
A.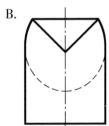
B.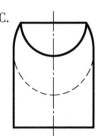
C.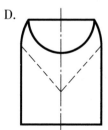
D.

5-4 已知主视图和俯视图，正确的左视图是（　　　）。

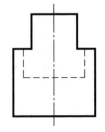
A.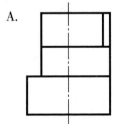
B.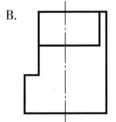
C.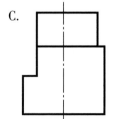
D.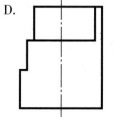

5-5 根据所给视图，完成左视图并作出主视图。

5-6 已知主视图和俯视图，作出左视图。

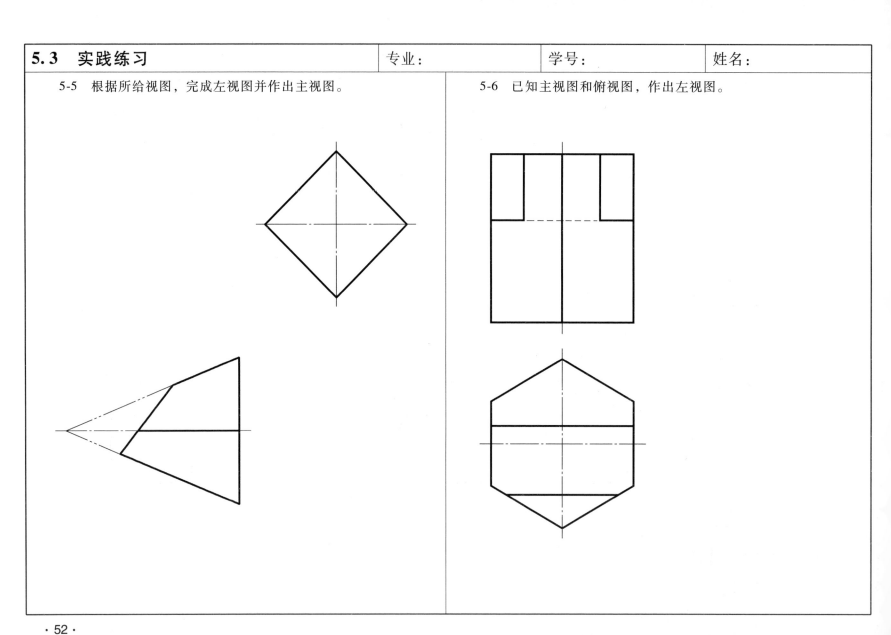

5-7 完成截切后五棱柱的俯视图，作出左视图。

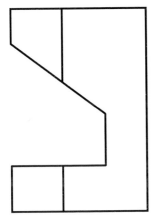

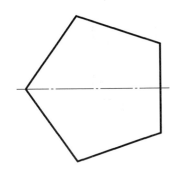

5-8 完成截切后四棱锥的俯视图，作出左视图。

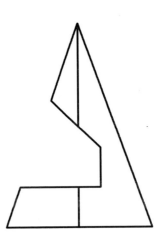

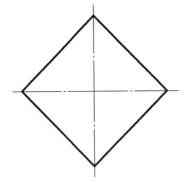

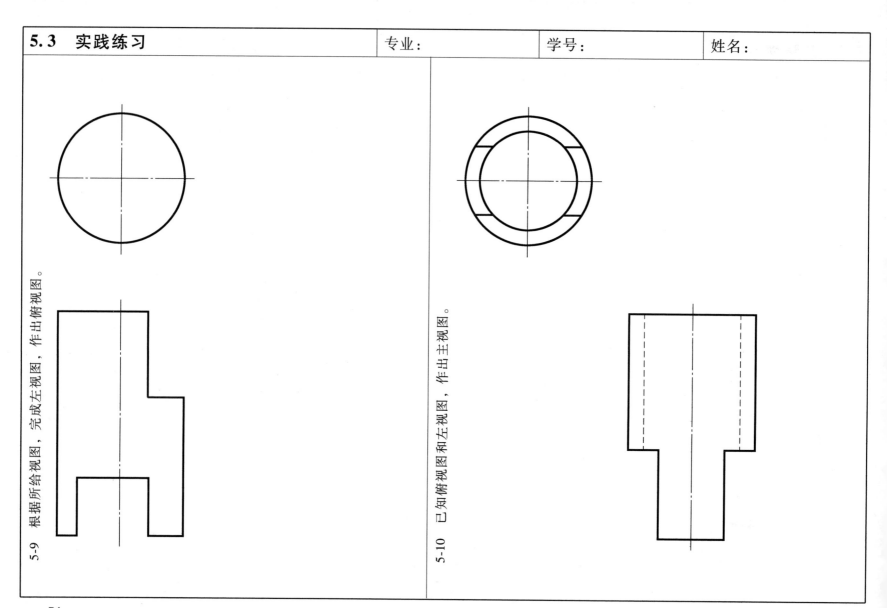

5-9 根据所给视图，完成左视图，作出俯视图。

5-10 已知俯视图和左视图，作出主视图。

5-11 已知主视图和俯视图，作出左视图。

5-12 根据所给视图，完成俯视图，作出主视图。

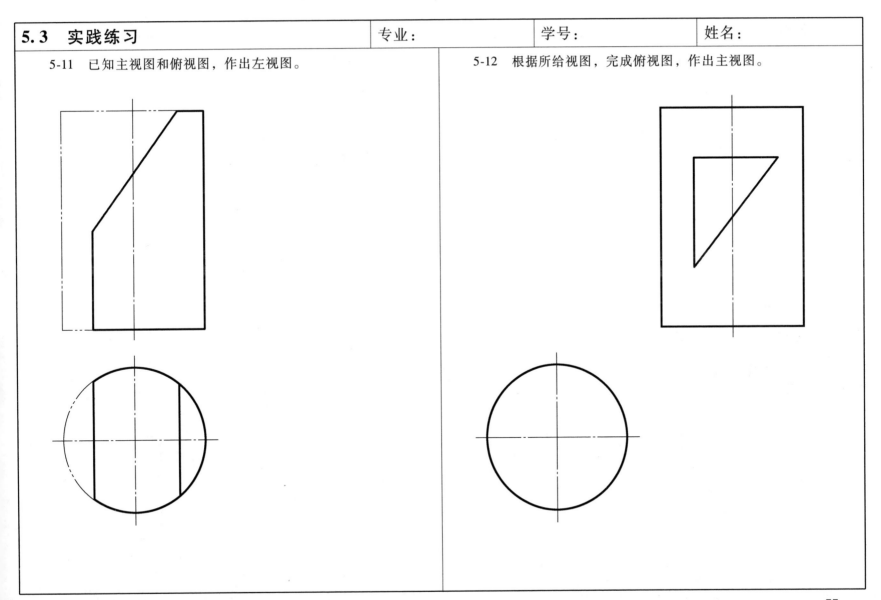

5-13 根据所给视图，完成俯视图，作出主视图。

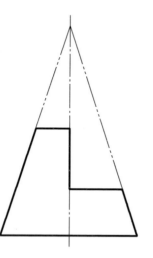

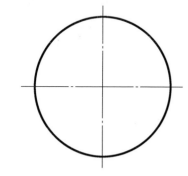

5-14 根据所给视图，作出俯视图和左视图。

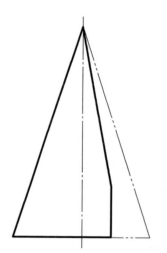

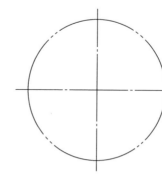

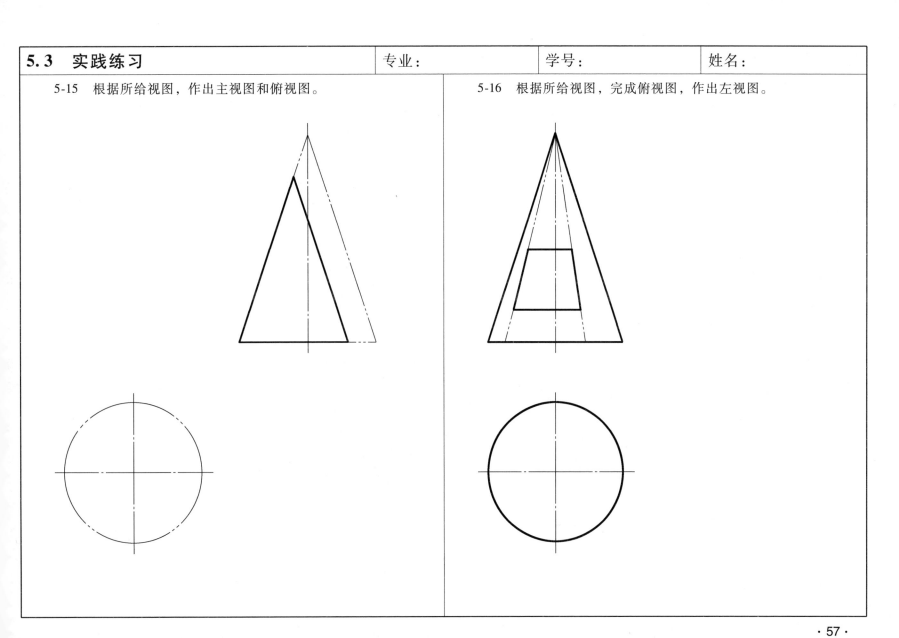

5-15 根据所给视图，作出主视图和俯视图。

5-16 根据所给视图，完成俯视图，作出左视图。

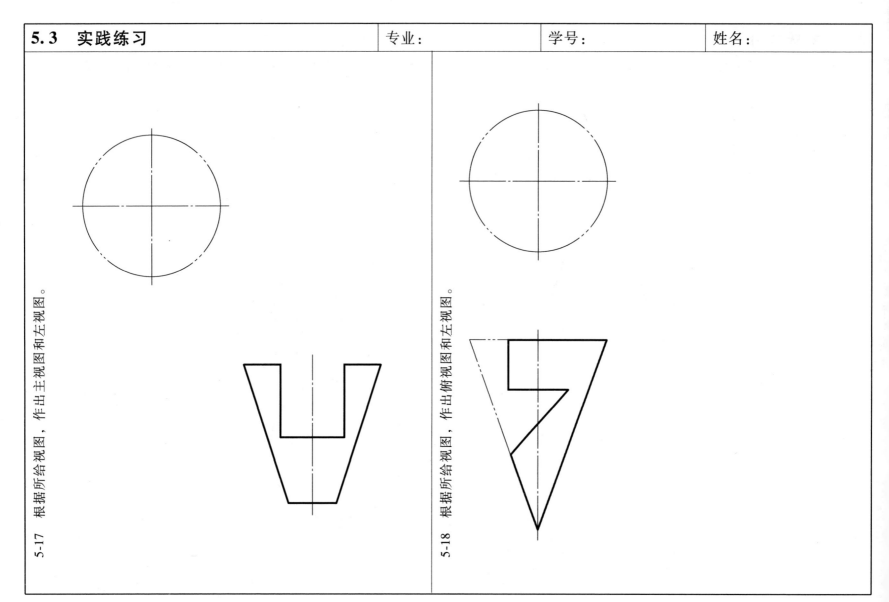

5-17　根据所给视图，作出主视图和左视图。

5-18　根据所给视图，作出俯视图和左视图。

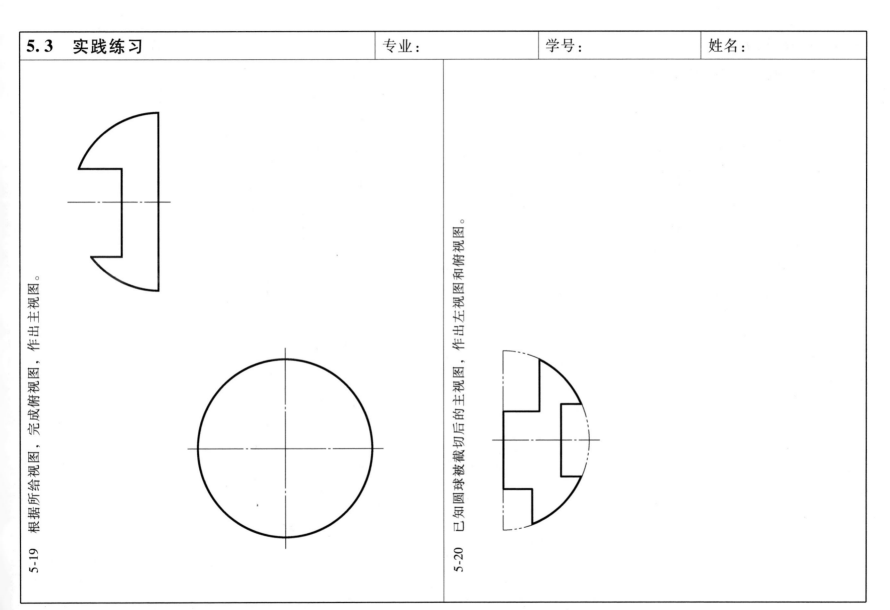

5-19 根据所给视图，完成俯视图，作出主视图。

5-20 已知圆球被截切后的主视图，作出左视图和俯视图。

5-21 根据所给视图，作出左视图和俯视图。

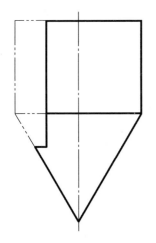

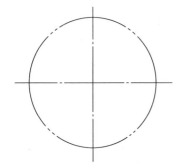

5-22 根据所给视图，完成俯视图，作出左视图。

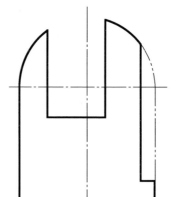

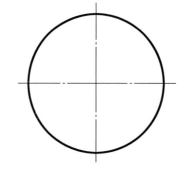

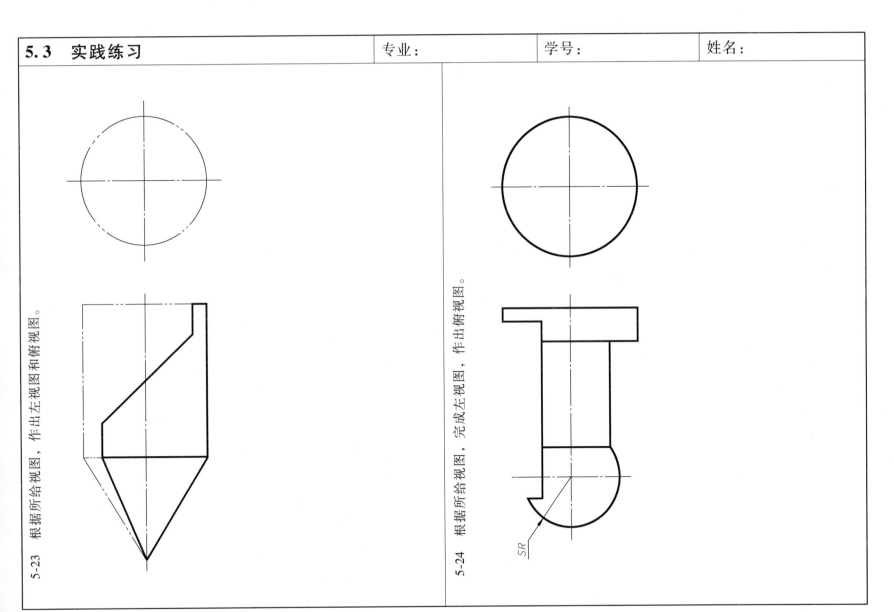

5-23　根据所给视图，作出左视图和俯视图。

5-24　根据所给视图，完成左视图，作出俯视图。

SR

第6章　相贯线

6.1　内容导学

<table>
<tr><td>专业：</td><td>学号：</td><td>姓名：</td></tr>
</table>

一、内容框架

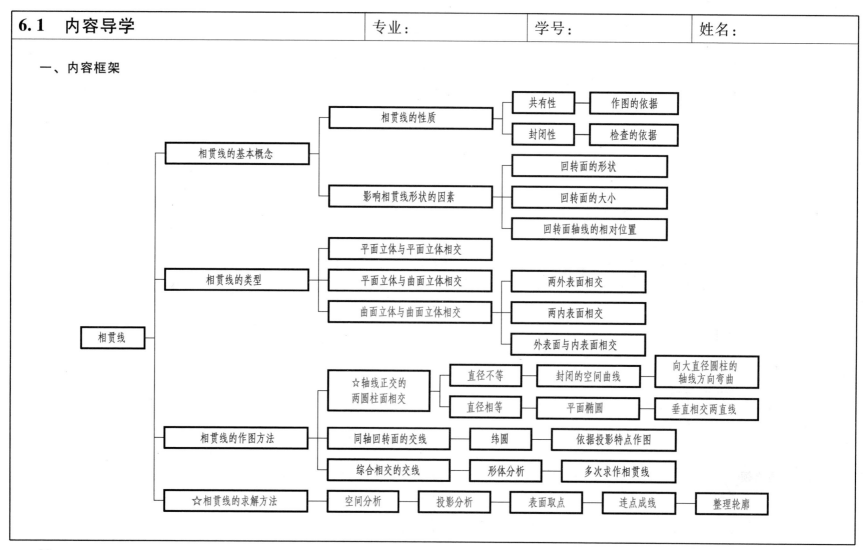

二、知识要点

1. 相贯线

两立体表面的交线称为相贯线。

2. 相贯线的性质

1）共有性：相贯线是两立体表面的共有线，相贯线上的点是两立体表面的共有点。

2）封闭性：一般情况下，相贯线是封闭的空间曲线；特殊情况下，相贯线是平面曲线或直线。

3. 影响相贯线形状的因素

回转面的形状、回转面的大小、回转面轴线的相对位置。

4. 相贯线的类型

（1）平面立体与平面立体相交

（2）平面立体与曲面立体相交

（3）曲面立体与曲面立体相交

1）两外表面相交。

2）两内表面相交。

3）外表面与内表面相交。

5. 轴线正交的两圆柱面相交

1）两圆柱直径不等：相贯线为封闭的空间曲线，在与两个圆柱轴线分别垂直的两个投影面上的投影均积聚在圆（圆弧）上，另一面投影为非圆曲线，并且向大直径圆柱的轴线方向弯曲。

2）两圆柱直径相等：相贯线为互相垂直的椭圆，在与两个圆柱轴线分别垂直的两个投影面上的投影积聚在圆（圆弧）上，另一面投影为垂直相交两直线。

三、作图要领

相贯线的画法是画组合体视图的重要基础，正确把握相贯线形状的变化规律，利用圆柱面投影具有积聚性的特点，通过表面取点法求解相贯线的投影。

相贯线是本课程的难点内容，也是培养形象思维和空间想象力的关键。

1. 表面取点法

在相交的两回转面中，只要有一个是轴线垂直于投影面的圆柱面，圆柱面在该投影面上的投影就会积聚为圆，因而相贯线的这个投影就是已知的。因此，可以利用圆柱面上取点的方法，作出相贯线的另一面投影。

当两圆柱面直径不等时，相贯线的投影为非圆曲线，求取特殊位置点（转向轮廓线的交点、极限位置点等）和一般位置点来作图。

2. 依据投影特点作图

1）轴线正交的两圆柱面直径相等时，在与两轴线都平行的投影面上，相贯线的投影为垂直相交两直线。确定两回转面转向轮廓线的交点，即可完成作图。

2）两回转面轴线共线时，相贯线为纬圆。在与轴线垂直的投影面上投影反映实形，在另两个投影面上投影积聚为直线段。依据投影面平行面的投影规律，即可完成作图。

3. 相贯线的求解方法

1）空间分析：根据已知视图，用形体分析法确定两回转面的形状、大小和轴线的相对位置，判断相贯线的空间形状。

2）投影分析：利用圆柱面投影的积聚性，找出相贯线的已知投影。

3）表面取点：通过表面取点法求作相贯线上各点的另两面投影。

4）连点成线：根据表面相交的形式判别相贯线的可见性。

5）整理轮廓：检查、加深、完成作图。

若多个立体相贯，作图的关键是用形体分析法分清参与相贯的立体是由哪些基本回转体组合而成，以及它们的相对位置。虽然有多个回转体参与相贯，但从局部上看，相贯线总是由立体两两相交产生的，因此多次求解相贯线即可完成作图。

6.2 例题解析

【例 6-1】 已知立体的俯视图和左视图，如图 6-1 所示，补画主视图中所缺图线。

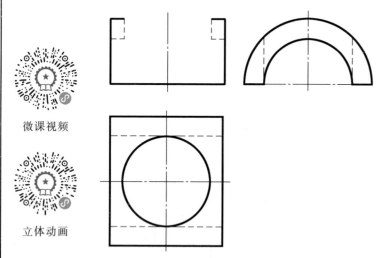

图 6-1 例 6-1 已知条件

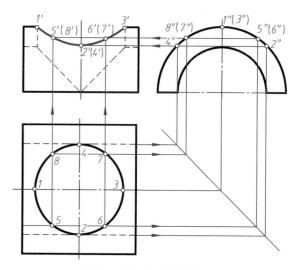

图 6-2 例 6-1 作图结果

分析：

由图 6-1 所示的三视图可以看出，该组合体前后对称、左右对称，是水平空心半圆柱由上向下挖切一个圆柱孔所得，因此有两条相贯线。

第一条相贯线由圆柱孔内表面和半圆柱外表面相交形成，半圆柱直径大，相贯线是左右对称、前后对称的一条封闭的空间曲线。由于半圆柱的轴线为侧垂线，圆柱孔的轴线为铅垂线，因此相贯线的侧面投影为圆弧，水平投影为圆，只有正面投影需要作出。第二条相贯线由圆柱孔内表面和半圆柱内表面相交形成，二者直径相同，相贯线为两互相垂直的半个椭圆。水平投影为圆，侧面投影为半圆，只有正面投影需要作出。

作图：

1）求作圆柱孔内表面和半圆柱外表面相贯线的正面投影。在相贯线的已知投影中找特殊位置点 Ⅰ、Ⅱ、Ⅲ、Ⅳ 和一般位置点 Ⅴ、Ⅵ、Ⅶ、Ⅷ 的投影，根据点的投影规律，作出各点的正面投影。由于圆柱孔内表面和半圆柱外表面相交的相贯线可见，用粗实线按顺序光滑连接各可见点的正面投影。

2）求作圆柱孔内表面和半圆柱内表面相贯线的正面投影。两内表面直径相同，相贯线的正面投影为垂直相交两直线。且两内表面相交的相贯线不可见，用细虚线作出相贯线的正面投影。

3）检查三视图，完成作图，作图结果如图 6-2 所示。

【例6-2】 已知挖切圆柱的主视图和俯视图，如图6-2所示，完成左视图。

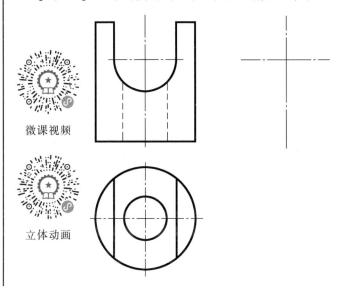

微课视频

立体动画

图6-3　例6-2已知条件

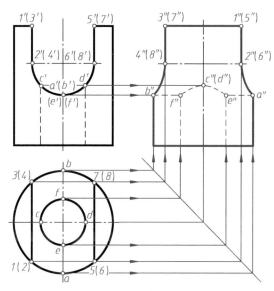

图6-4　例6-2作图结果

分析：

如图6-3所示，由已知的两视图可以看出，该立体是轴线为铅垂线的圆柱，由前向后挖切一个上方下圆的拱形柱体，由上向下挖切一个圆柱形成孔所得。

因此，立体上的线既有圆柱和方槽的截交线，又有柱孔、孔孔之间的相贯线。其中，半圆柱孔和圆柱外表面相交，相贯线的水平投影为前、后两段圆弧，正面投影为半圆。由于直立圆柱直径大，因此相贯线的侧面投影为向直立圆柱轴线弯曲的曲线。半圆柱孔内表面和圆柱孔内表面相交，相贯线水平投影为圆，正面投影为圆弧。由于半圆柱孔直径大，因此相贯线的侧面投影为向半圆柱孔轴线弯曲的曲线。

作图：

1）先画出完整圆柱的侧面投影，取Ⅰ、Ⅱ、Ⅲ、Ⅳ、Ⅴ、Ⅵ、Ⅶ、Ⅷ八个点，根据投影规律作出挖切四棱柱方槽后的截交线的投影。

2）画出轴线为正垂线的半圆柱孔的侧面投影，求作半圆柱孔和圆柱外表面相贯线的侧面投影。取Ⅱ、Ⅳ、Ⅵ、Ⅷ、A、B点，由于相贯线是外表面相交，侧面投影可见，因此用粗实线连接各点的侧面投影。

3）画出轴线为铅垂线的圆柱孔的侧面投影，求作半圆柱孔内表面和圆柱孔内表面相贯线的侧面投影。取C、D、E、F点，由于相贯线是内表面相交形成的，侧面投影不可见，因此用细虚线连接各点的侧面投影。

4）整理轮廓线。注意拱形槽范围内和相贯范围内原圆柱的转向轮廓线已不存在，要擦去。

5）检查，完成作图，作图结果如图6-4所示。

【例6-3】 已知组合体的主视图和俯视图，如图6-5所示，完成左视图。

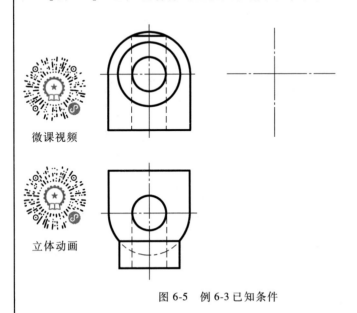

微课视频

立体动画

图6-5 例6-3已知条件

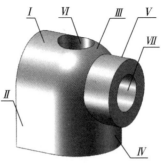

图6-6 例6-3立体结构

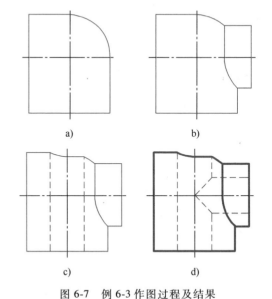

a)   b)

c)   d)

图6-7 例6-3作图过程及结果
a）基本组合体　b）叠加水平圆柱
c）挖切直立圆柱孔　d）挖切水平圆柱孔

分析：

由图6-5可知，该组合体左右对称，复合相贯而成。如图6-6所示，该组合体由水平半圆柱Ⅰ、四棱柱Ⅱ、四分之一圆球Ⅲ、直立半圆柱Ⅳ及水平圆柱Ⅴ五个形体叠加而成。组合体由上向下挖切一圆柱孔Ⅵ，由前向后挖切一圆柱孔Ⅶ。

其中，圆柱Ⅴ和四分之一圆球Ⅲ相交，交线为纬圆；圆柱Ⅴ和半圆柱Ⅳ相交，圆柱孔Ⅵ和半圆柱Ⅰ相交，相交两部分的直径都不相等，相贯线都为空间曲线；圆柱孔Ⅵ和四分之一圆球Ⅲ相交，交线为纬圆；圆柱孔Ⅵ和圆柱孔Ⅶ直径相同，相贯线为两个互相垂直的半个椭圆，侧面投影为两条垂直相交的直线段。

作图：

1）画出后侧Ⅰ、Ⅱ、Ⅲ、Ⅳ四个形体叠加而成的立体的侧面投影，如图6-7a所示。

2）画出圆柱Ⅴ的侧面投影，分别求作圆柱Ⅴ与四分之一圆球Ⅲ相交、圆柱Ⅴ与半圆柱Ⅳ相交的相贯线的侧面投影，外表面与外表面相交，相贯线投影可见，擦去多余的轮廓线，如图6-7b所示。

3）画出直立圆柱孔Ⅵ的侧面投影，分别求作圆柱Ⅰ与圆柱孔Ⅵ相交、圆球Ⅲ与圆柱孔Ⅵ相交的相贯线的侧面投影，内表面与外表面相交，相贯线投影可见，擦去多余的轮廓线，如图6-7c所示。

4）画出水平圆柱孔Ⅶ的侧面投影，求作水平圆柱孔Ⅶ与圆柱孔Ⅵ相交的相贯线的侧面投影，两内表面相交，相贯线的侧面投影不可见。擦去多余的轮廓线，如图6-7d所示，检查并完成作图。

6-1　已知主视图和俯视图，补画左视图中所缺图线。

6-2　已知俯视图和左视图，补画主视图中所缺图线。

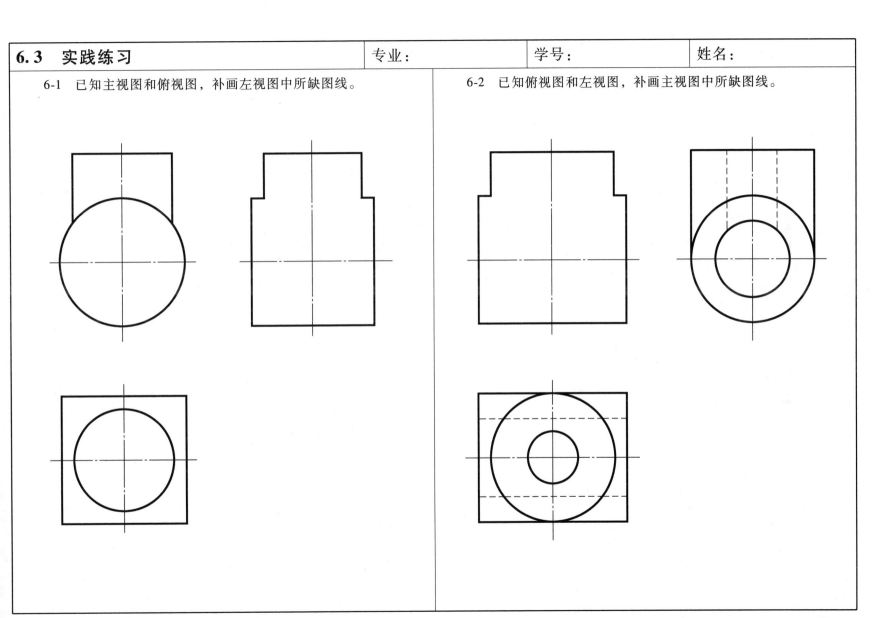

6-3 已知主视图和俯视图，补画左视图中所缺图线。

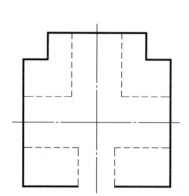
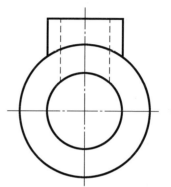
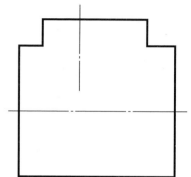
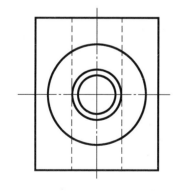

6-4 已知主视图和俯视图，补画左视图中所缺图线。

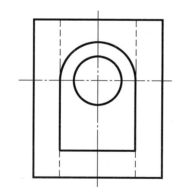

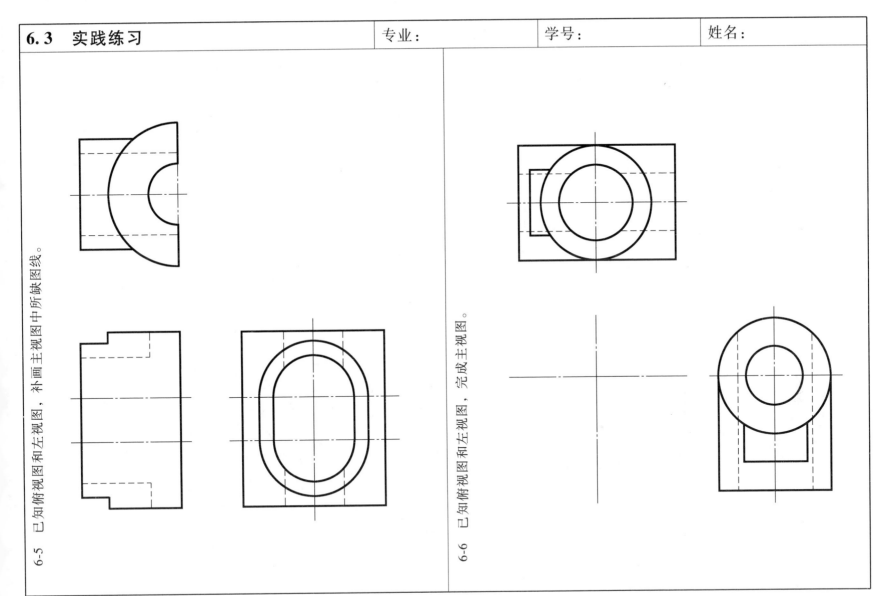

6-5 已知俯视图和左视图，补画主视图中所缺图线。

6-6 已知俯视图和左视图，完成主视图。

6-7 已知左视图和俯视图，完成主视图。

6-8 已知主视图和俯视图，完成左视图。

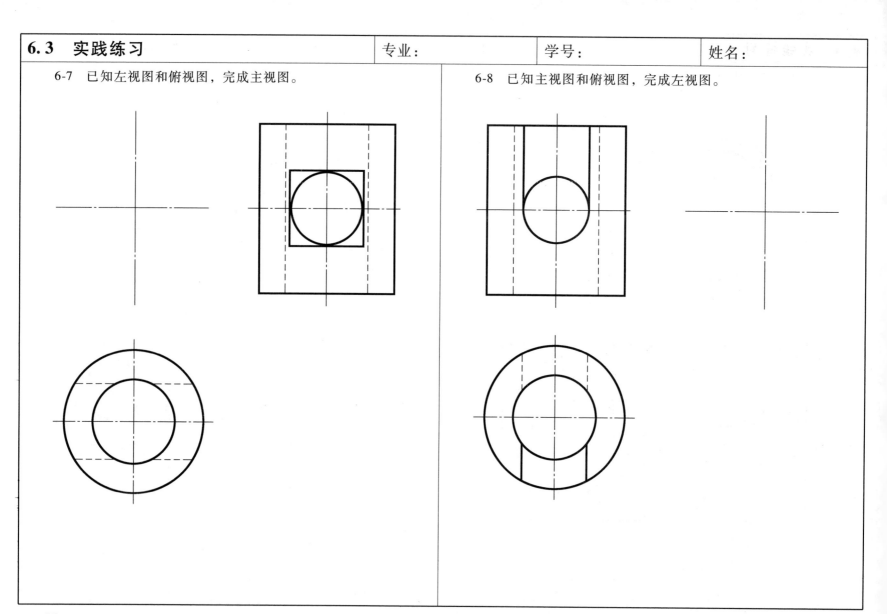

6-9　已知主视图和俯视图，正确的左视图是（　　　）。

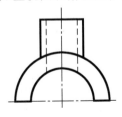

A. 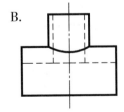　　B. 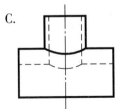　　C. 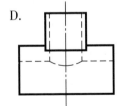　　D.

6-10　已知主视图和俯视图，正确的左视图是（　　　）。

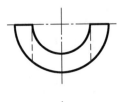

A. 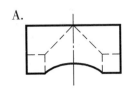　　B. 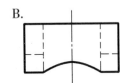　　C. 　　D.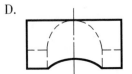

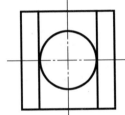

6-11　已知主视图和俯视图，正确的左视图是（　　）。

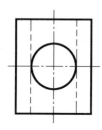

A. 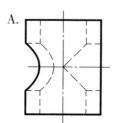　　B. 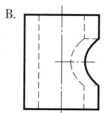　　C. 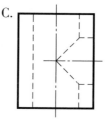　　D.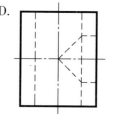

6-12　已知主视图和俯视图，正确的左视图是（　　）。

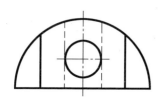

A. 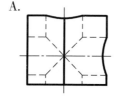　　B. 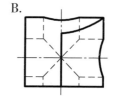　　C. 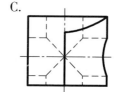　　D.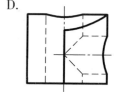

6-13 已知主视图和左视图，正确的俯视图是（   ）。

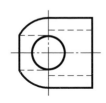

A.

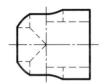

B.

C.

D.

6-14 已知主视图和左视图，正确的俯视图是（   ）。

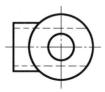

A.

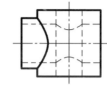

B.

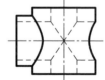

C.

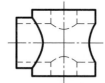

D.

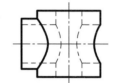

6-15　补画三视图中所缺图线。

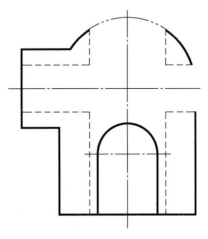
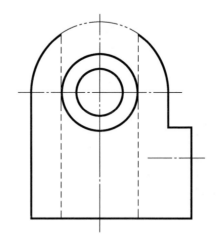
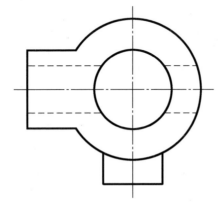

6-16　已知左视图和俯视图，完成主视图。

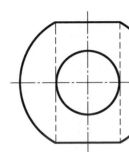

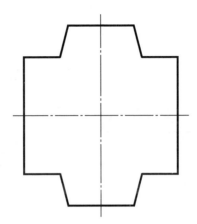

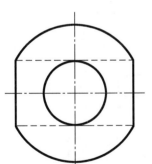

6-17　已知左视图，完成主视图和俯视图。

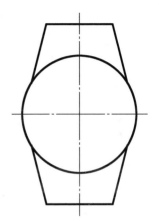

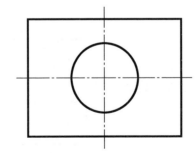

第7章 组合体

7.1 内容导学

一、内容框架

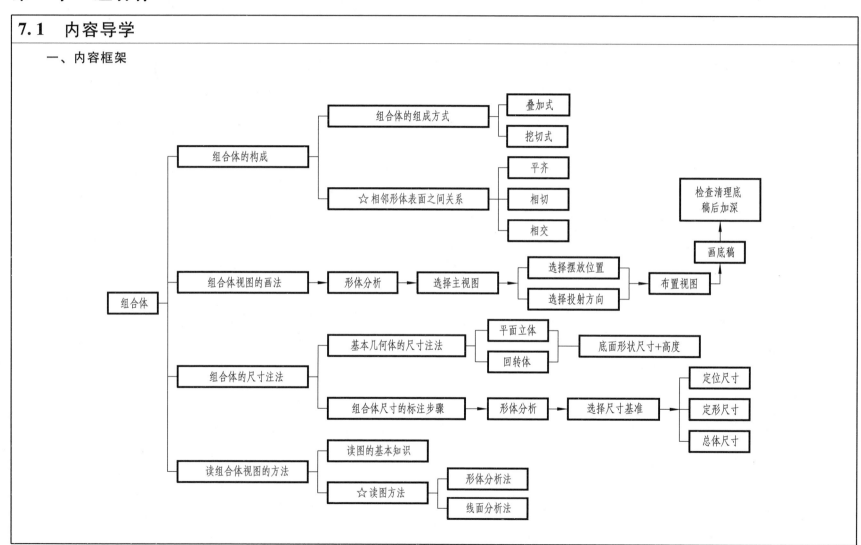

二、知识要点

1. 组合体

由基本几何体（如棱柱、棱锥、圆柱、圆锥、圆球等）通过叠加和挖切两种方式组合而成的立体。

2. 相邻形体表面之间的关系

1）平齐：相邻两个形体表面平齐时，二者共面，平齐处无分界线。

2）相切：相邻两个形体表面相切时，相切处无交线。

3）相交：相邻两个形体表面相交时，表面交线是它们的分界线。

3. 尺寸标注的基本要求

正确：尺寸标注应严格遵守国家标准中有关尺寸注法的规定。

齐全：尺寸必须完全确定立体的形状和大小。

清晰：每个形体的尺寸都必须注在反映该形体形状和位置最清晰的图形上，以便于看图。

4. 读图的基本知识

1）有关视图必须联系起来看。

2）柱体的形状以反映底面的形状特征视图为基础。

3）分清楚形体间的组合方式是挖切还是叠加。

4）利用轮廓线的可见性判断形体间的相对位置。

5. 形体分析法

形体分析法是把形状复杂的立体分解成由基本几何体构成的分析方法。形体分析法是解决组合体画图、读图和尺寸标注问题的基本方法。画图和读图时应用形体分析法，就能化繁为简，化难为易。

6. 线面分析法

线面分析法是通过线面投影理论去分析视图中较为复杂而难以读懂的线面投影部分，这种方法适合以挖切为主组合体视图的读图。

三、作图要领

组合体是本课程的重点内容，也是培养空间想象能力的关键。正确画图和读图，必须在掌握点、线、面、基本立体和截交线、相贯线作图方法的基础上，运用形体分析法和线面分析法，想象组合体的结构形状。

1. 画组合体三视图

形体分析法是画组合体三视图的基本方法。先画主要形体，后画次要形体；先画总体，后画局部，每个基本形体的作图都应从最能反映该形体形状特征的视图入手，三个视图配合起来作图。

2. 叠加式组合体读图方法

1）看视图，分线框（形体分析）。

2）对投影，定形体。

3）综合起来想整体。

3. 挖切式组合体读图方法

1）根据已知视图的形状，确定挖切前基本几何体的形状。

2）看视图，分线框（线面分析）。

3）对投影，定形体。

4）综合起来想整体。

读组合体视图是重点也是难点，读图时先用形体分析法或线面分析法，想象出组合体的立体形状，然后根据已知视图，运用长对正、高平齐、宽相等的投影规律，补画视图中所缺的图线或者补画第三视图。

7.2 例题解析

【例 7-1】 如图 7-1 所示，根据组合体的三视图，补全视图中所缺图线。

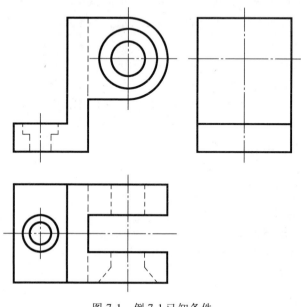

图 7-1 例 7-1 已知条件

图 7-2 例 7-1 空间形状

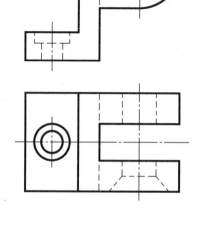

图 7-3 例 7-1 作图结果

微课视频

立体动画

分析：

对如图 7-1 所示组合体进行投影分析，可以看出，该组合体属于叠加式组合体，左侧是一个 L 形的弯板，主视图为底面形状特征视图；右上侧有两个拱形柱体，前后对称，后侧的拱形柱体由前向后挖切了圆孔；前侧的拱形柱体上挖切了一个沉孔（圆锥孔与圆柱孔同轴线）；左侧的弯板挖切了一个台阶孔。该组合体的空间形状如图 7-2 所示。三视图中，后拱形柱体的圆柱孔和前拱形柱体的圆柱孔、圆锥孔是同轴回转体，它们与拱形柱体表面有交线，交线是与轴线垂直的圆；前、后拱形柱体的左视图也应该补画轮廓线的投影。

作图：

1）根据三视图的投影规律（长对正、高平齐、宽相等），画出前、后拱形柱体的左视图。

2）画出前、后拱形柱体上沉孔和圆柱孔在左视图中的转向轮廓线（虚线）。

3）画出 L 形弯板左侧台阶孔在左视图中的转向轮廓线（虚线）。

4）补画主视图、俯视图、左视图中同轴回转孔交线的投影（洞后线）。

5）检查三视图，完成作图。结果如图 7-3 所示。

【例 7-2】 如图 7-4 所示，已知组合体的主视图和俯视图，完成左视图。

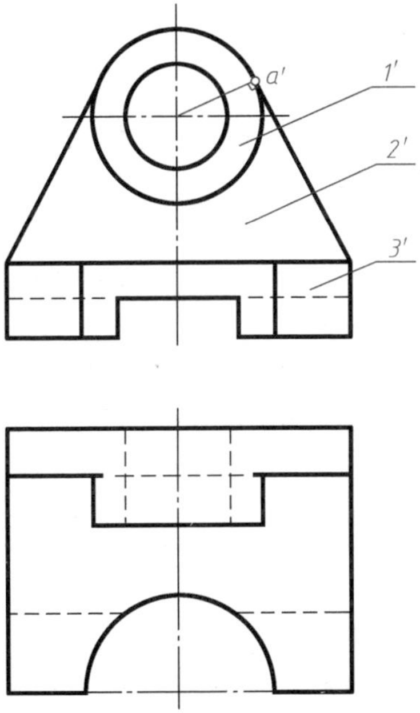

图 7-4 例 7-2 已知条件

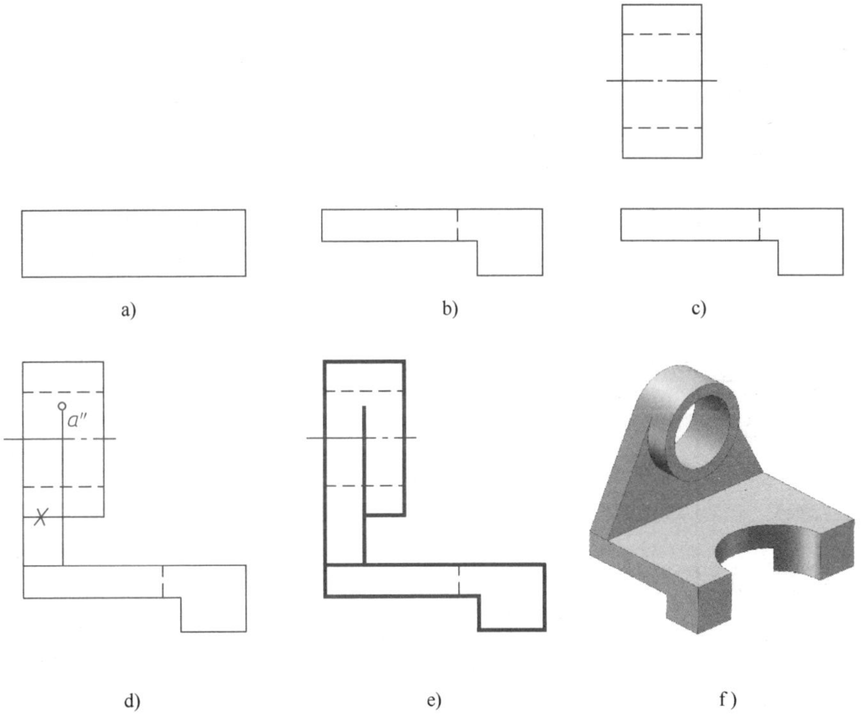

图 7-5 例 7-2 作图过程

a）底板左视图 b）挖切底板 c）叠加圆筒 d）叠加支承板 e）检查加深 f）空间形状

微课视频

立体动画

分析：

对如图 7-4 所示的组合体进行分析，从主视图和俯视图可以看出，组合体左右对称，属于叠加式组合体。主视图有三个封闭线框，分别对应圆筒 Ⅰ、支承板 Ⅱ 和底板 Ⅲ。从投影关系可以看出，底板 Ⅲ 是在长方体的基础上，后侧由左向右挖切长方体通槽，前侧由上向下挖切半圆柱通槽；支承板 Ⅱ 是以正面投影为底面形状的柱体；圆筒 Ⅰ 是轴线为正垂线的空心圆柱。圆筒 Ⅰ 和支承板 Ⅱ 相切，叠加放置在底板 Ⅲ 的后侧；圆筒 Ⅰ 和支承板 Ⅱ 与底板 Ⅲ 后表面平齐，空间形状如图 7-5f 所示。

作图：

1）根据投影关系，画出底板 Ⅲ 原形长方体的左视图（矩形），如图 7-5a 所示。

2）画出长方体后侧和前侧挖切通槽的投影，如图 7-5b 所示。

3）画出圆筒 Ⅰ 的左视图，如图 7-5c 所示。

4）画出支承板 Ⅱ 的左视图，擦除圆筒 Ⅰ 与支承板 Ⅱ 的部分轮廓线（画×处），注意切点的侧面投影 a'' 的位置，如图 7-5d 所示。

5）检查加深，完成左视图，如图 7-5e 所示。

【例7-3】 如图7-6所示，已知组合体的主视图和俯视图，完成左视图。

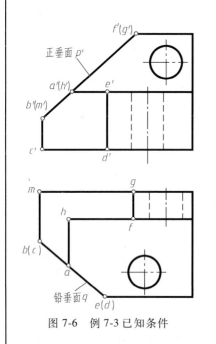

图7-6 例7-3已知条件

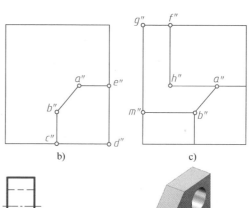

微课视频

立体动画

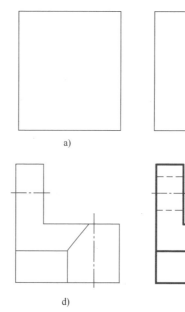

图7-7 例7-3作图过程

a）长方体的左视图 b）铅垂面截切 c）正垂面截切 d）正平面和水平面截切 e）检查加深 f）空间形状

分析：

对如图7-6所示的组合体进行分析，从主视图和俯视图可以看出，该组合体属于挖切式组合体，可以采用线面分析法读图。该组合体是在完整长方体的基础上，由一个正垂面P、一个铅垂面Q、一个正平面和一个水平面截切得到的组合体，最后在截切的基础上挖切了轴线分别是铅垂线和正垂线的两个圆柱通孔，组合体的空间形状如图7-7f所示。作图时，需要根据投影关系，分别找出四个截平面的对应投影，特别是积聚性、类似形、实形的投影，然后补画左视图。

作图：

1）画出挖切前长方体的左视图，如图7-7a所示。

2）根据投影关系，画出铅垂面Q截切后交线的侧面投影a″b″c″d″e″，如图7-7b所示。

3）画出正垂面P截切后交线的侧面投影a″b″m″g″f″h″，如图7-7c所示。

4）画出正平面和水平面截切后的交线，如图7-7d所示。

5）根据两个圆柱孔的位置，画出孔的左视图。最后，检查加深，完成左视图，如图7-7e所示。

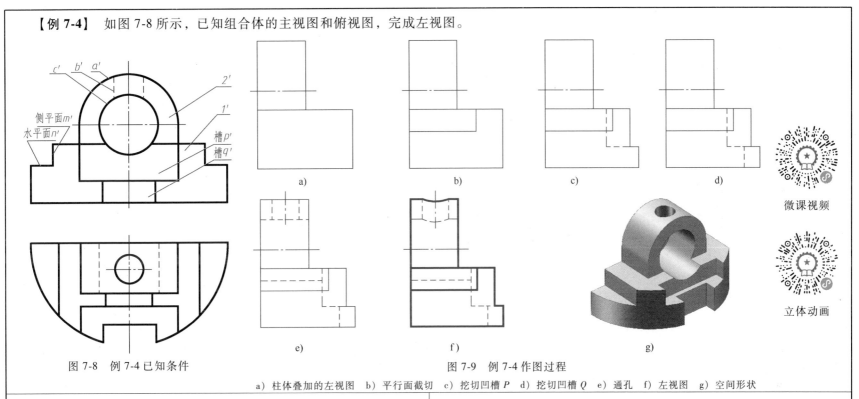

【例 7-4】 如图 7-8 所示，已知组合体的主视图和俯视图，完成左视图。

图 7-8　例 7-4 已知条件

图 7-9　例 7-4 作图过程

a）柱体叠加的左视图　b）平行面截切　c）挖切凹槽 P　d）挖切凹槽 Q　e）通孔　f）左视图　g）空间形状

微课视频

立体动画

分析：

对如图 7-8 所示的组合体进行分析，从主视图和俯视图可以看出，组合体左右对称，属于叠加和挖切综合形成的组合体，可以采用形体分析法和线面分析法结合的方法进行分析。首先用形体分析法读图，组合体由半圆柱 I 和柱体 II 叠加而成。然后采用线面分析法，半圆柱 I 左右对称，分别被侧平面 M 和水平面 N 截切，由前向后挖切凹槽 P，由上向下挖切凹槽 Q。拱形柱体 II 顶部挖切圆柱孔 B，两个叠加体由前向后挖切圆柱通孔 C。圆柱孔 B 与圆柱面 A、圆柱孔 C 的相贯线在左视图中为一段曲线，空间形状如图 7-9g 所示。

作图：

1）画出半圆柱 I 和柱体 II 叠加的左视图，如图 7-9a 所示。

2）根据投影关系，画出侧平面 M 和水平面 N 截切半圆柱 I（左、右两侧开槽）交线的左视图，如图 7-9b 所示。

3）画出半圆柱 I 挖切凹槽 P 交线的左视图，如图 7-9c 所示。

4）画出半圆柱 I 挖切凹槽 Q 交线的左视图，如图 7-9d 所示。

5）分别画出圆柱孔 B、圆柱孔 C 的轮廓线，如图 7-9e 所示。

6）确定圆柱孔 B 与圆柱面 A、圆柱孔 C 相贯线的弯曲方向，画出其左视图。最后检查加深，完成左视图，如图 7-9f 所示。

7-1　根据组合体的立体图，按照 1：1 的比例画出三视图，不标注尺寸。

立体动画

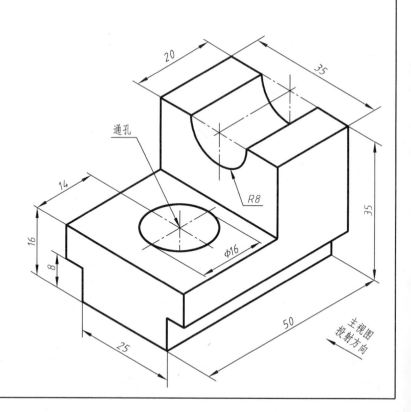

7-2 根据组合体的立体图，按照 1：1 的比例画出三视图，不标注尺寸。

立体动画

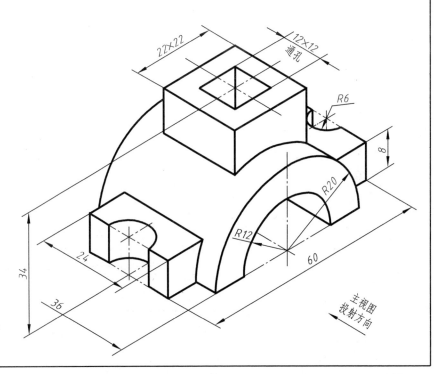

主视图
投射方向

7-3 根据组合体的立体图，按照 1∶1 的比例画出三视图，不标注尺寸。

立体动画

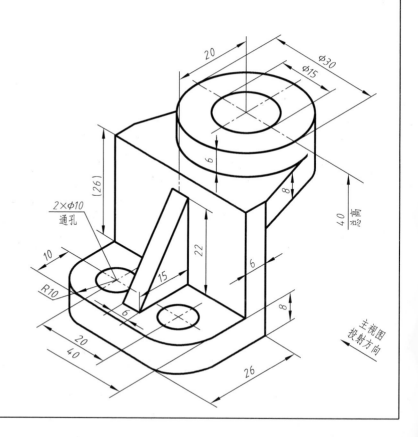

7-4　根据组合体的立体图，按照 1：1 的比例画出三视图，不标注尺寸。

立体动画

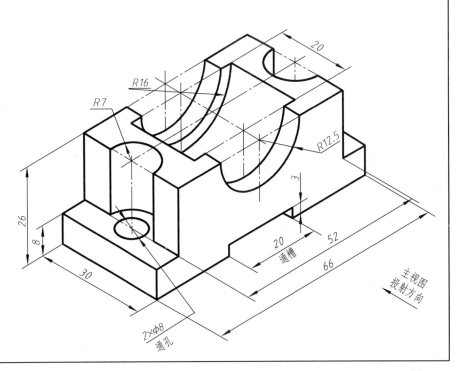

7-5 已知主视图和俯视图，正确的左视图是（　　）。

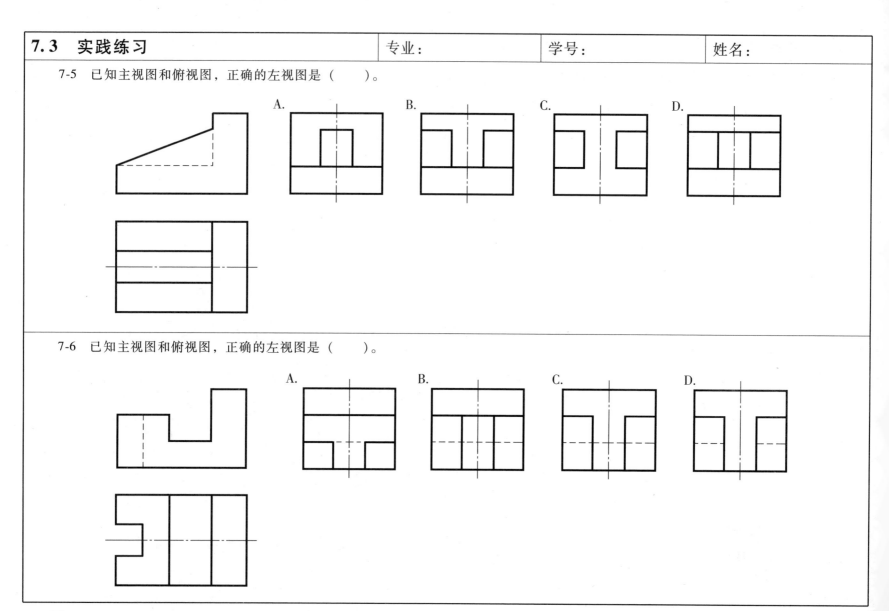

7-6 已知主视图和俯视图，正确的左视图是（　　）。

7-7 补画主视图中所缺图线。

（1）　　　　　　　　　　　　　　　　（2）　　　　　　　　　　　　　　　　（3）

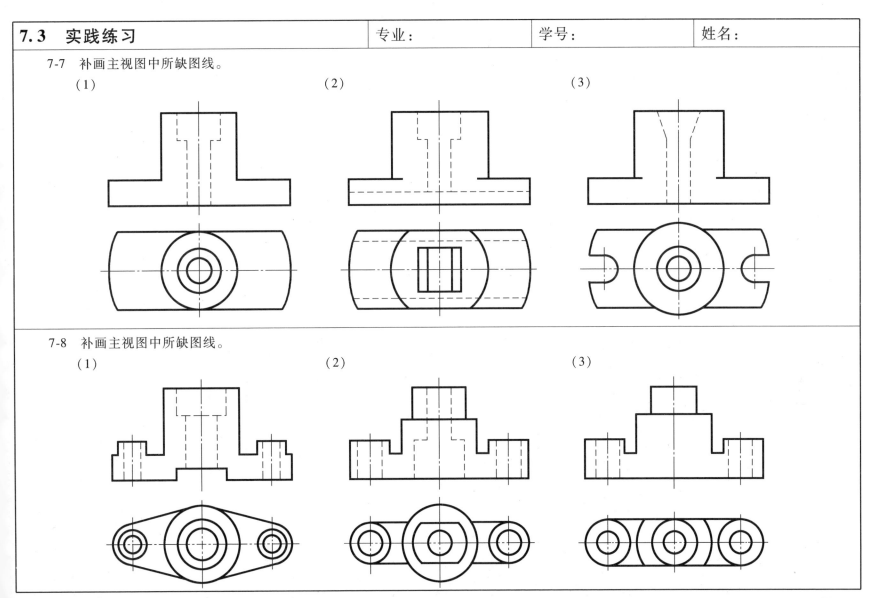

7-8 补画主视图中所缺图线。

（1）　　　　　　　　　　　　　　　　（2）　　　　　　　　　　　　　　　　（3）

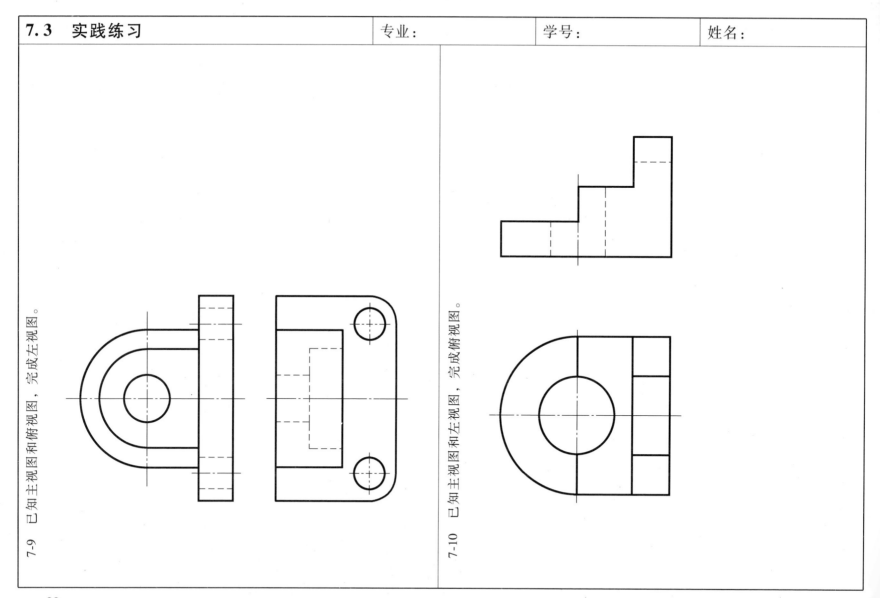

7-9　已知主视图和俯视图，完成左视图。

7-10　已知主视图和左视图，完成俯视图。

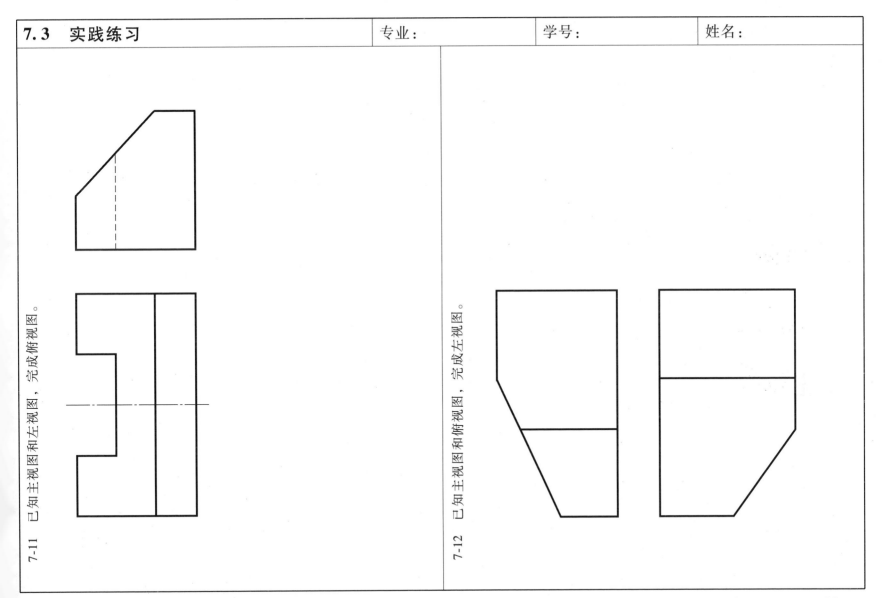

7-11 已知主视图和左视图，完成俯视图。

7-12 已知主视图和俯视图，完成左视图。

7-13 已知主视图和左视图，完成俯视图。

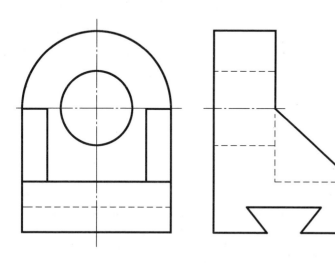
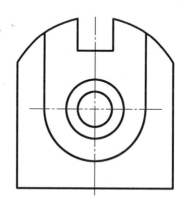

7-14 已知主视图和俯视图，完成左视图。

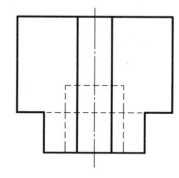

7-15 已知主视图和俯视图，完成左视图。

7-16 已知主视图和俯视图，完成左视图。

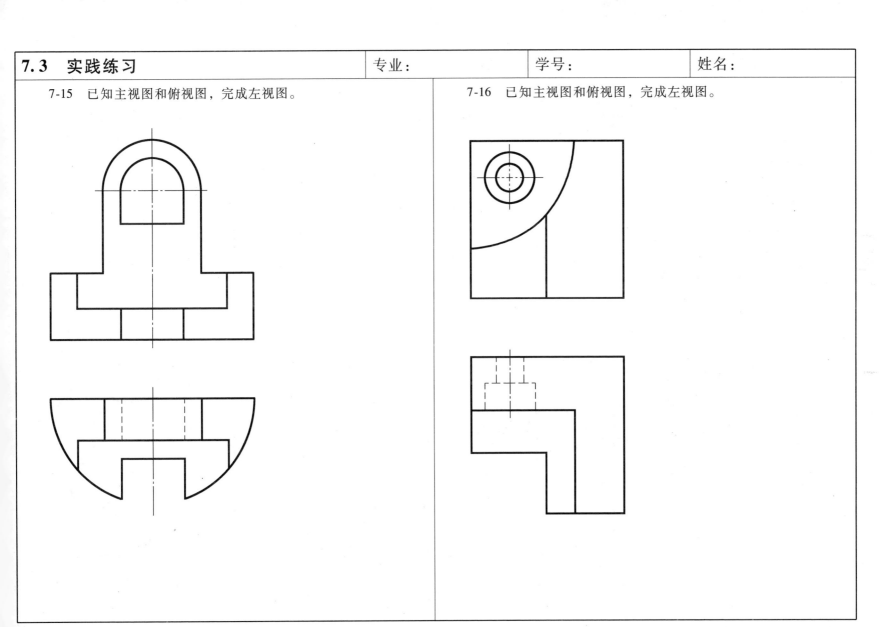

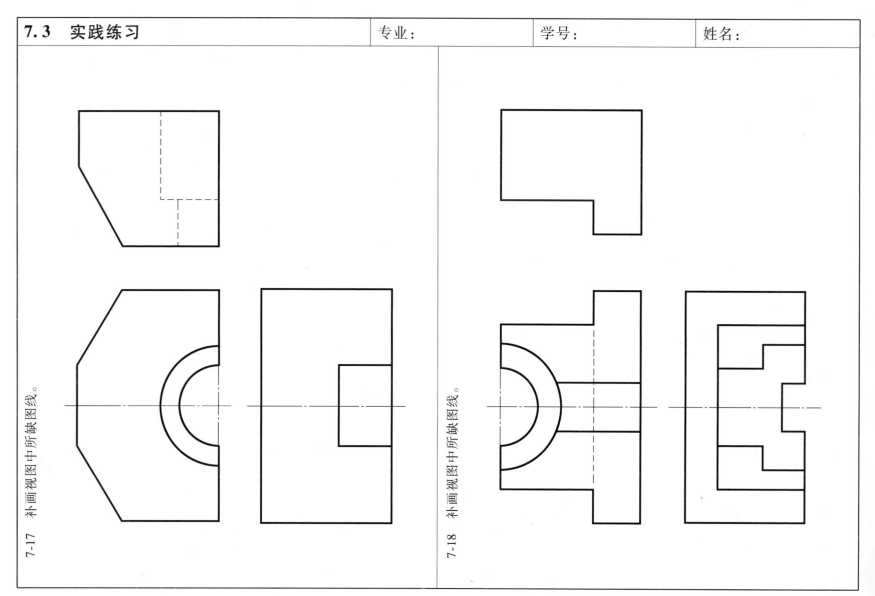

7-17　补画视图中所缺图线。

7-18　补画视图中所缺图线。

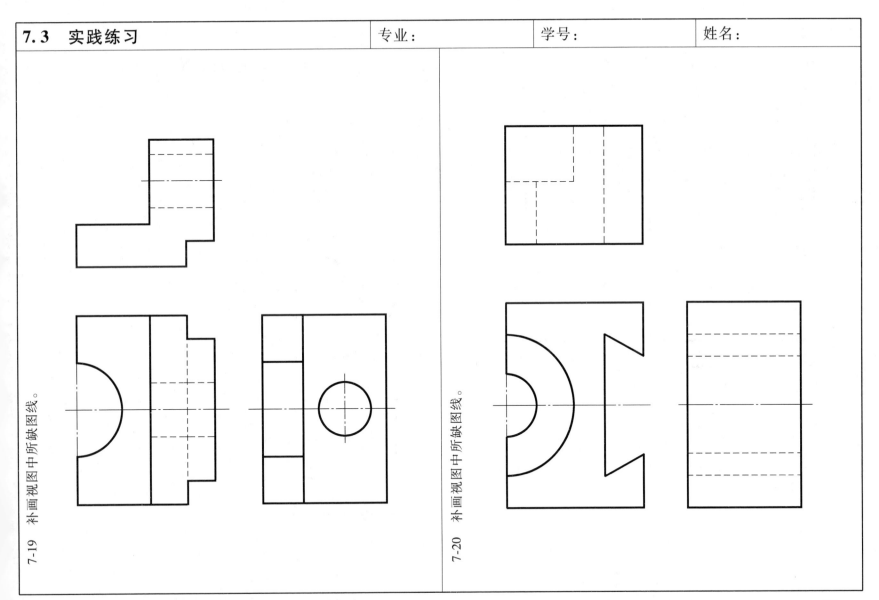

7-19 补画视图中所缺图线。

7-20 补画视图中所缺图线。

7-21 已知主视图和左视图，完成俯视图。

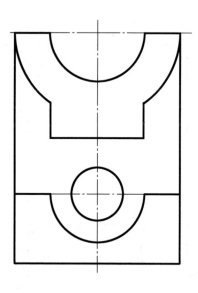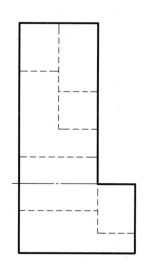

7-22 已知主视图和俯视图，完成左视图。

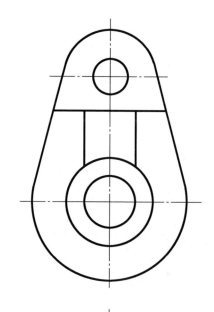

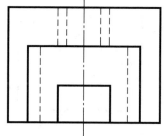

7-23　补画视图中所缺图线。

7-24　补画视图中所缺图线。

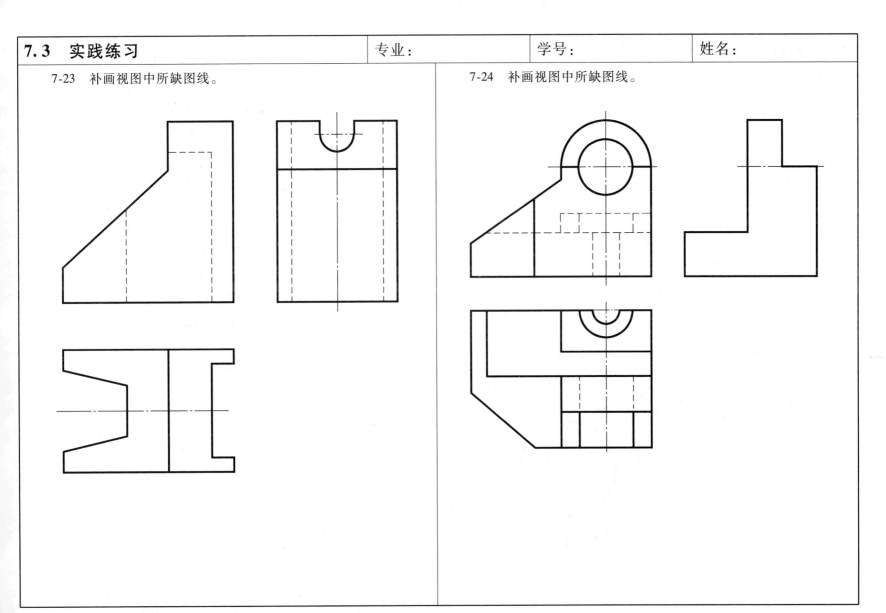

7-25 已知俯视图和左视图，完成主视图。

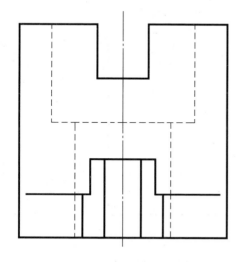

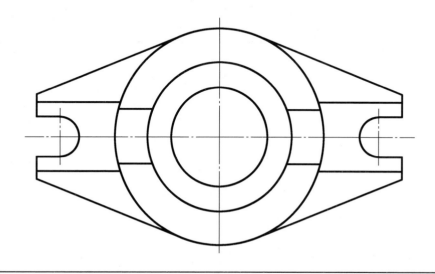

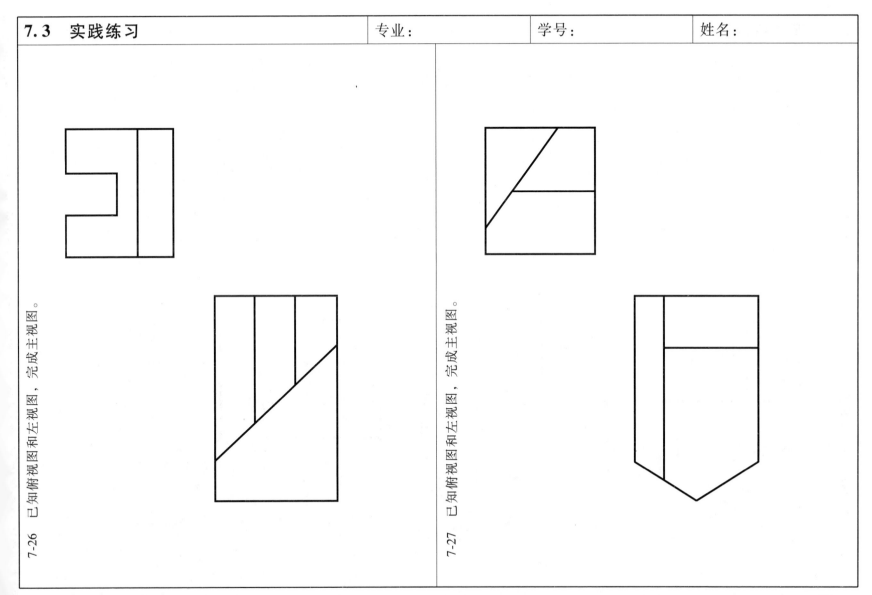

7-26 已知俯视图和左视图，完成主视图。

7-27 已知俯视图和左视图，完成主视图。

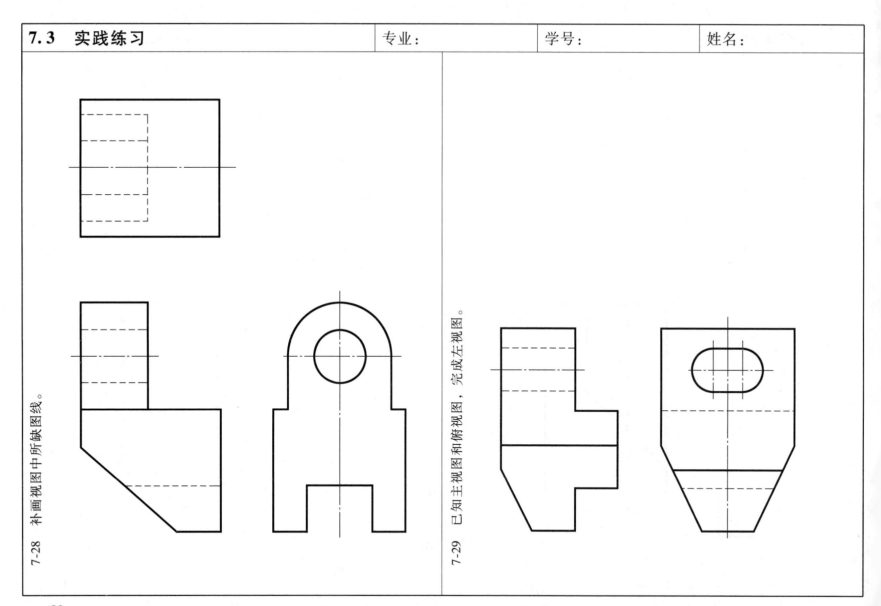

7-28 补画视图中所缺图线。

7-29 已知主视图和俯视图，完成左视图。

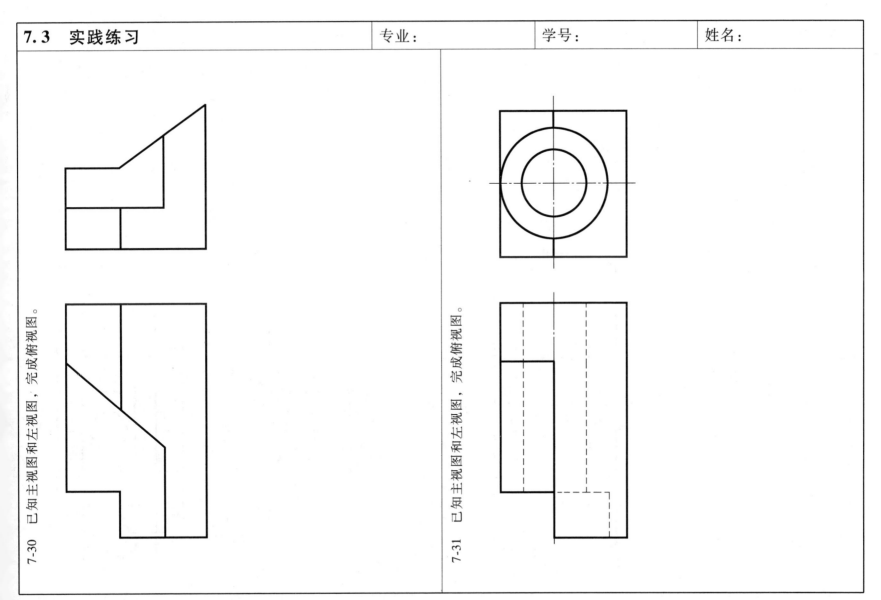

7-30 已知主视图和左视图，完成俯视图。

7-31 已知主视图和左视图，完成俯视图。

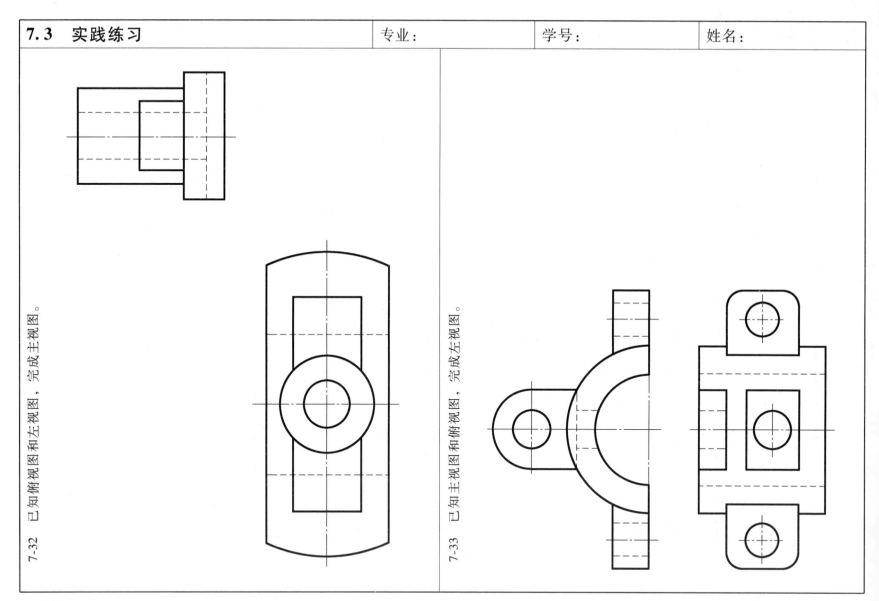

7-32 已知俯视图和左视图，完成主视图。

7-33 已知主视图和俯视图，完成左视图。

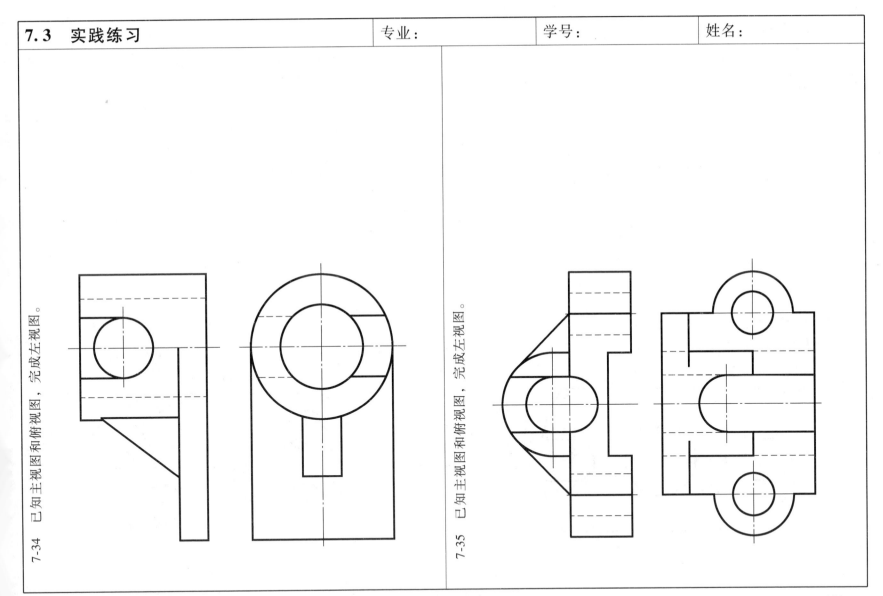

7-34 已知主视图和俯视图，完成左视图。

7-35 已知主视图和俯视图，完成左视图。

7-36 标注平面图形的尺寸（尺寸数值按 1：1 的比例从图中量取并取整数）。

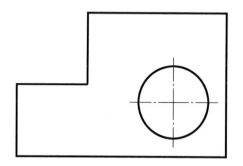

7-37 标注平面图形的尺寸（尺寸数值按 1：1 的比例从图中量取并取整数）。

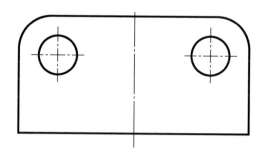

7-38 标注平面图形的尺寸（尺寸数值按 1：1 的比例从图中量取并取整数）。

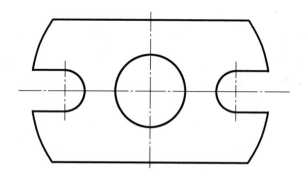

7-39 标注平面图形的尺寸（尺寸数值按 1：1 的比例从图中量取并取整数）。

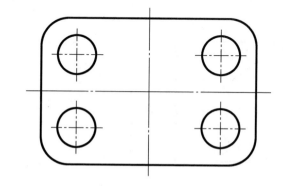

7-40 标注组合体的尺寸（尺寸数值按 1∶1 的比例从图中量取并取整数）。

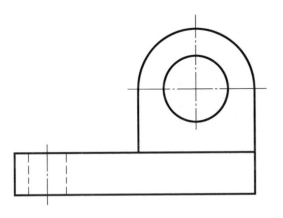

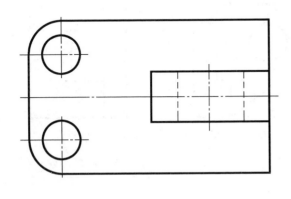

7-41 标注组合体的尺寸（尺寸数值按 1∶1 的比例从图中量取并取整数）。

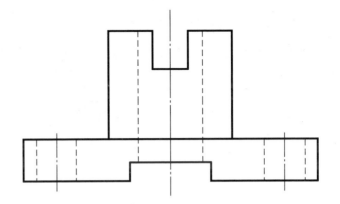

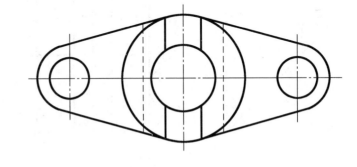

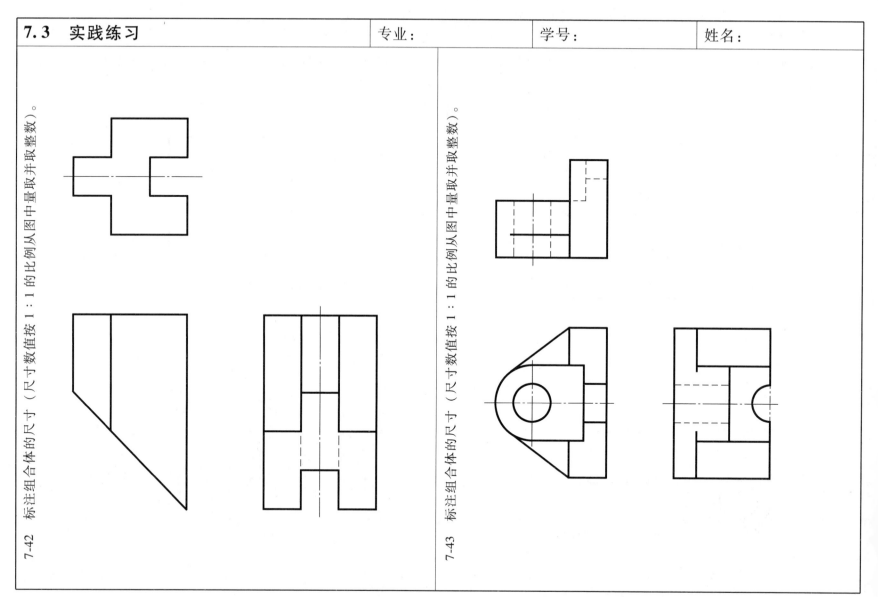

7-42　标注组合体的尺寸（尺寸数值按 1 : 1 的比例从图中量取并取整数）。

7-43　标注组合体的尺寸（尺寸数值按 1 : 1 的比例从图中量取并取整数）。

7.3　实践练习

专业：　学号：　姓名：

7-44　根据组合体的立体图和俯视图，按照图中标注的尺寸在 A3 图纸上按照 1∶1 的比例绘制三视图，并标注尺寸。

立体动画

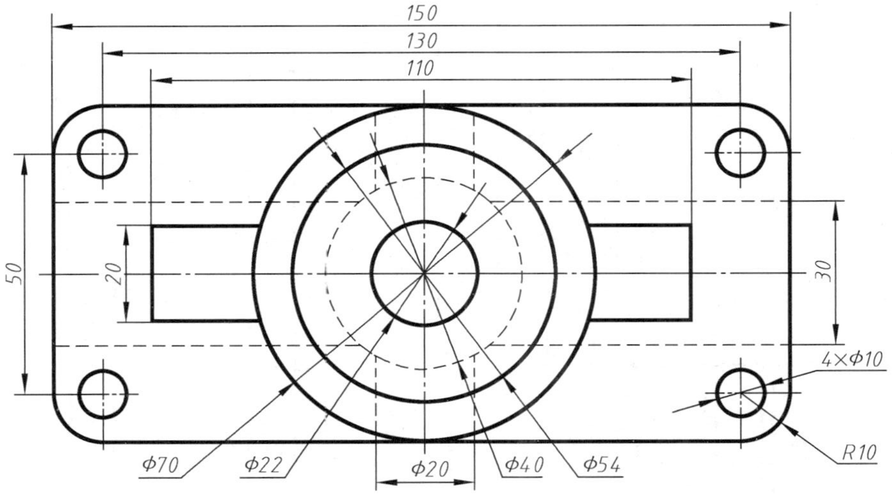

150
130
110
50
20
30
4×Φ10
R10
Φ70
Φ22
Φ20
Φ40
Φ54

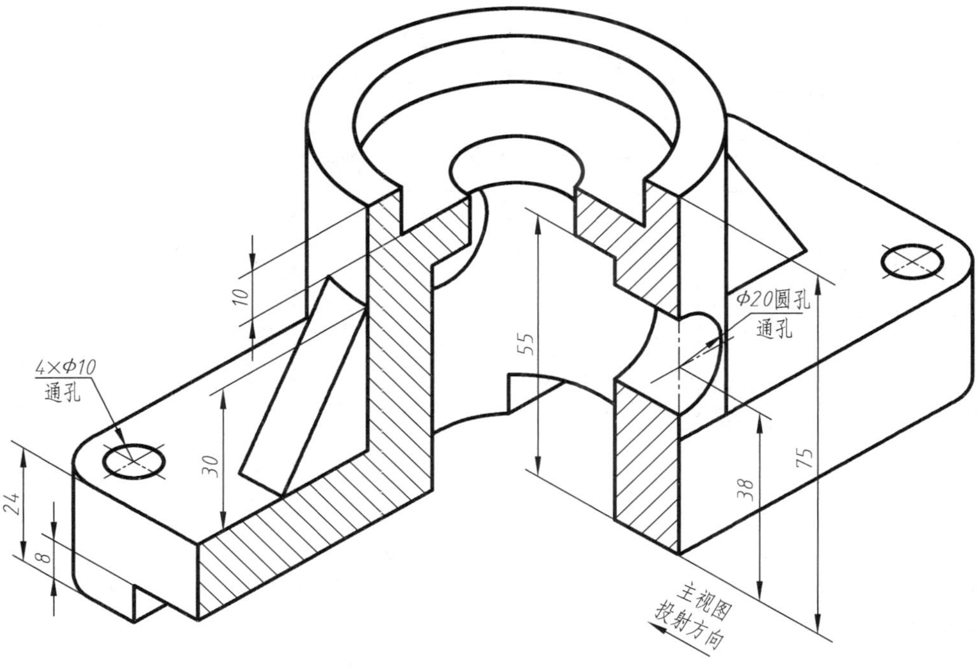

10
4×Φ10
通孔
30
24
8
55
Φ20圆孔
通孔
75
38
主视图
投射方向

第8章 轴测图

8.1 内容导学

一、内容框架

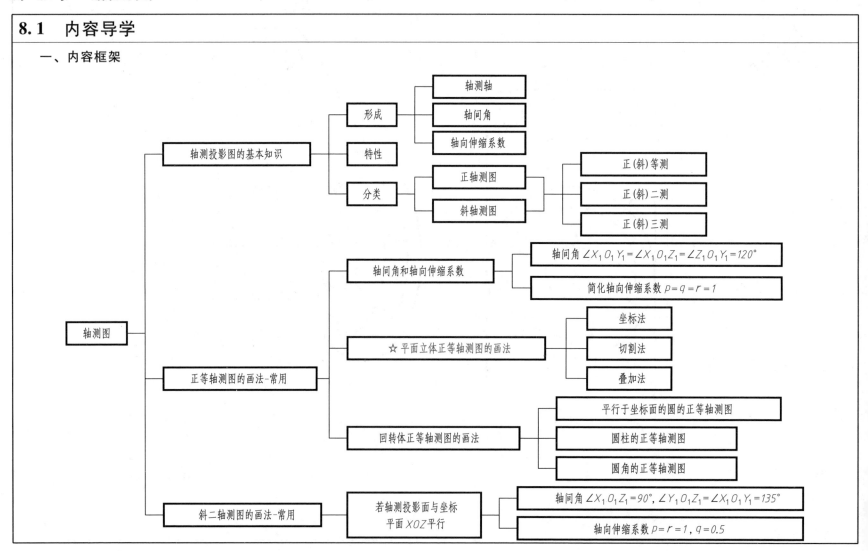

二、知识要点

1. 轴测图的形成

将物体连同其参考直角坐标系，沿不平行于任一坐标面的方向，用平行投影法将其投射在单一投影面（称为轴测投影面）上所得到的具有立体感的图形，称为轴测投影，又称轴测图。

2. 参数

1）轴测轴：坐标轴的轴测投影。

2）轴间角：任意两轴测轴之间的夹角。

3）轴向伸缩系数：轴测轴上的线段与空间坐标轴上的对应线段的长度比。OX、OY、OZ 轴的轴向伸缩系数分别用 p、q、r 表示。

3. 特性

基于平行投影法，原立体与轴测投影有以下关系：

1）平行性：立体上互相平行的线段，在轴测图上仍互相平行。

2）定比性：立体上两平行线段或同一直线的两线段长度之比值，在轴测图上保持不变。

3）真实性：立体上平行于轴测投影面的直线和平面，在轴测图上反映实长和实形。

☆ **注意**：凡是与坐标轴平行的直线段，就可以在轴测图上沿轴向直接度量和作图。与坐标轴不平行的直线段，不能直接度量与绘制，应根据其端点坐标，取辅助线，作出两端点，然后连线。

4. 分类

1）正轴测图：改变立体和投影面的相对位置，使立体的正面、上底面和侧面与投影面都处于倾斜位置，用正投影法作出立体的投影。

2）斜轴测图：不改变立体与投影面的相对位置，改变投射线的方向，使投射线与投影面倾斜。

根据轴向伸缩系数的不同，正轴测图分为正等轴测图（$p=q=r$）、正二等轴测图（$p=r\neq q$）、正三轴测图（$p\neq q\neq r$）；斜轴测图分为斜等轴测图（$p=q=r$）、斜二等轴测图（$p=r\neq q$）、斜三轴测图（$p\neq q\neq r$）。工程上主要使用正等轴测图和斜二轴测图。

三、作图要领

本章重点是正等轴测图的画法，要学会利用形体分析法绘制基本立体和组合体的正等轴测图。本章难点是圆的正等轴测图的画法，特别是圆弧的正等轴测图的画法。

☆ **注意**：轴测图中一般只画出可见部分。

1. 平面立体正等轴测图的画法

1）坐标法：根据立体上一些关键点的坐标值作出这些点的轴测投影，再连线成图的方法。

2）切割法：用形体分析法将形状较复杂的立体看成由一个形状简单的基本体逐步切割而成，先画出该形状简单的基本体的轴测图，再在其上逐步"切割"，即可得到较复杂立体的轴测图。

3）叠加法：用形体分析法将形状复杂的立体看成由几个形状简单的基本体叠加而成，把这些基本体的轴测图按照相对位置关系叠加可得到整个立体的轴测图。

2. 回转体正等轴测图的画法

圆的轴测投影为椭圆，常采用近似画法，可用菱形四心法画出的扁圆代替椭圆。

3. 斜二轴测图的概念和画法

当立体只有一个坐标面上有圆时，采用斜二轴测图最为有利，此时可使该面平行于轴测投影面，其轴测投影仍为圆，作图十分简便。

8.2 例题解析

【例 8-1】 如图 8-1 所示，采用坐标法作出六棱台的正等轴测图。

微课视频

立体动画

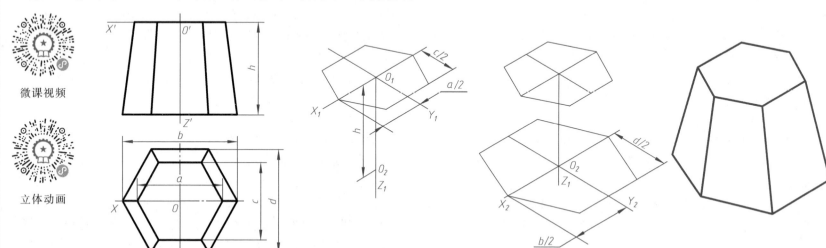

图 8-1 例 8-1 已知条件

图 8-2 例 8-1 作图过程
a）顶面的轴测图 b）底面的轴测图 c）六棱台的正等轴测图

分析：

1）如图 8-1 所示，根据立体的形状特点，选定坐标原点位于六棱台顶面的几何中心位置。

2）将六棱台顶面、底面的 12 个顶点的坐标关系转移到轴测图上，确定出立体上各点的轴测投影，作出立体的轴测图。

作图：

1）在正投影图上确定坐标轴的位置，如图 8-1 所示。

2）O_1Y_1 轴为对称中心线，按坐标 $a/2$、$c/2$ 画出顶面的轴测图，如图 8-2a 所示。

3）斜线不能在轴测投影中直接画出，只能先画出底面，在 O_1Z_1 轴上量取 $O_1O_2 = h$。以 O_2 为中心画出 O_2X_2、O_2Y_2 轴，再按坐标 $b/2$、$d/2$ 作出底面的轴测图，如图 8-2b 所示。

4）把顶面和底面相应的各端点连接起来，擦去作图线和不可见棱线，即得到六棱台的正等轴测图，如图 8-2c 所示。

【例 8-2】 如图 8-3 所示，已知立体的三视图，采用切割法作出其正等轴测图。

微课视频

立体动画

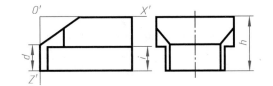

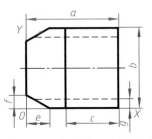

图 8-3 例 8-2 已知条件

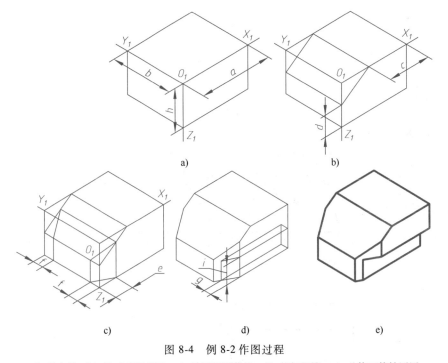

图 8-4 例 8-2 作图过程

a）长方体　b）被正垂面截切　c）被铅垂面截切　d）挖切凹槽　e）立体正等轴测图

分析：

对如图 8-3 所示的立体进行分析，从三视图可以看出，它是由长方体经过截切形成的立体。

立体的形成过程可视为首先用一个正垂面截切长方体的左上部分；然后用两个铅垂面截切长方体的左前部分和左后部分；最后用正平面和水平面组成的截平面，沿左右方向挖切出通槽。

作图：

1）在三视图上确定坐标轴的位置，如图 8-3 所示。

2）作轴测轴，按尺寸 a、b、h 画出截切前长方体的正等轴测图，如图 8-4a 所示。

3）根据三视图中尺寸 c 和 d 画出长方体左上角被正垂面截切掉一个三棱柱后的正等轴测图，如图 8-4b 所示。

4）根据三视图中尺寸 e 和 f 画出左前角和左后角被两个铅垂面截切掉三棱柱后的正等轴测图，如图 8-4c 所示。

5）根据三视图中尺寸 g 和 i 画出前侧下方被一个正平面和水平面截切掉四棱柱后的正等轴测图，如图 8-4d 所示。擦去作图线，加深，作图结果如图 8-4e 所示。

【例 8-3】 如图 8-5 所示，已知立体的三视图，采用叠加法作出其正等轴测图。

微课视频

立体动画

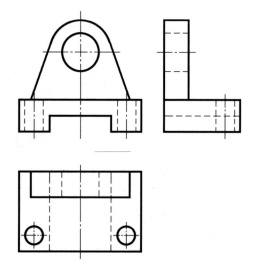

图 8-5 例 8-3 已知条件

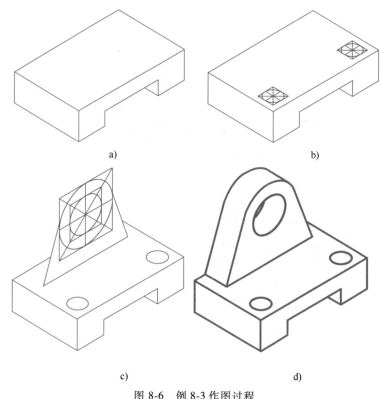

a)　　　　　　　　　　b)

c)　　　　　　　　　　d)

图 8-6 例 8-3 作图过程

a）底板轴测投影　b）底板圆柱孔轴测投影　c）立板圆和圆弧的轴测投影　d）立体正等轴测图

分析：

对如图 8-5 所示的立体进行分析，从三视图可以看出，该立体可看作由一个四棱柱的底板、一个顶部是圆弧面的立板叠加构成。底板前侧左、右两端有两个上下方向的圆柱孔，中间有前后方向的方槽。立板上方中部有前后方向的圆柱孔。底板与立板背部平齐，左右方向居中放置。

作图：

1）画出具有底部方槽的底板的轴测投影，如图 8-6a 所示。

2）画出底板上圆柱孔的轴测投影，如图 8-6b 所示。

3）画出立板前表面圆和圆弧的轴测投影，如图 8-6c 所示。

4）画出立板后表面圆和圆弧的轴测投影，完成立板外形，擦去全部作图线及不可见线，如图 8-6d 所示。

【例 8-4】 如图 8-7 所示，已知立体的三视图，作出其斜二轴测图。

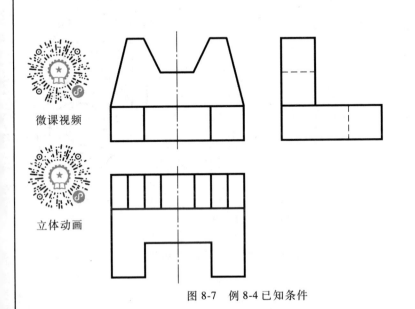

微课视频

立体动画

图 8-7 例 8-4 已知条件

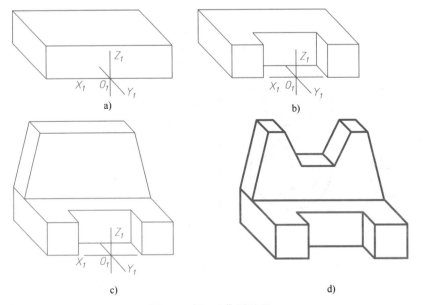

a) b)

c) d)

图 8-8 例 8-4 作图过程

a）完整四棱柱底板的斜二轴测投影 b）底板前侧方槽的斜二轴测投影

c）完整立板的斜二轴测投影 d）立板斜二轴测图

分析：

对如图 8-7 所示的立体进行分析，从三视图可以看出，它是由带有方槽的四棱柱底板和开槽的立板叠加而成的。画斜二轴测图时，根据轴向伸缩系数 $p=r=1$，$q=0.5$，先画出带有方槽的四棱柱底板的斜二轴测图，然后根据叠加关系，在底板上表面画出开槽立板的斜二轴测图。最后擦去多余的作图线，加深可见轮廓线，完成立体的斜二轴测图。

作图：

1）在三视图中选定原点，确定坐标系。按照斜二等轴测图的参数画出轴测轴，根据 $q=0.5$ 画出完整四棱柱底板的斜二轴测投影，如图 8-8a 所示。

2）画出底板前侧方槽的斜二轴测投影，如图 8-8b 所示。

3）沿 O_1Y_1 轴方向，按 $q=0.5$，画出形状为等腰梯形的完整立板的斜二轴测投影，如图 8-8c 所示。

4）沿 O_1Y_1 轴方向，按 $q=0.5$，画出开槽后立板的斜二轴测图，保留可见轮廓线并加深，如图 8-8d 所示。

【例 8-5】 如图 8-9 所示，已知立体的主、左视图，作出其斜二等轴测图。

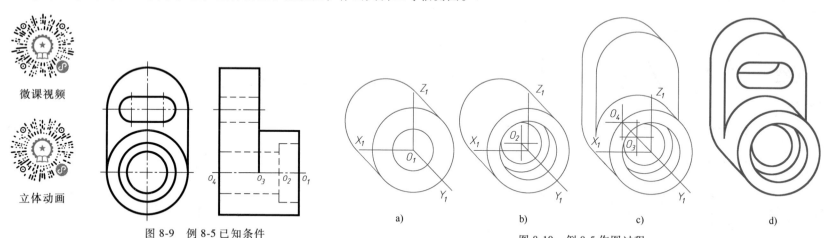

微课视频

立体动画

图 8-9　例 8-5 已知条件

图 8-10　例 8-5 作图过程

a）空心圆柱的斜二轴测投影　b）空心圆柱阶梯孔的斜二轴测投影
c）倒 U 形立板外形的斜二轴测投影　d）立板斜二轴测图

分析：

对如图 8-9 所示的立体进行分析，从主视图和左视图可以看出，它是由一个倒 U 形的底板和一个空心圆柱叠加而成。倒 U 形的底板前后方向有一直槽口。空心圆柱内腔是一个前大后小的圆柱阶梯孔。立板和圆柱的端面均平行于正立投影面，作斜二测投影后保持不变，仍为实形。

作图：

1）在主、左视图中选定原点，确定坐标系。按照斜二轴测图的参数画出轴测轴，画出空心圆柱的斜二轴测投影，如图 8-10a 所示。

2）沿 O_1Y_1 轴方向，按 $q = 0.5$，画出空心圆柱阶梯孔的斜二轴测投影，如图 8-10b 所示。

3）沿 O_1Y_1 轴方向，按 $q = 0.5$，画出左、右两侧与圆柱外表面相切，后表面与圆柱底面（后表面）平齐的倒 U 形立板外形的斜二轴测投影，如图 8-10c 所示。

4）沿 O_1Y_1 轴方向，按 $q = 0.5$，画出立板上的直槽口的斜二轴测投影，擦去作图辅助线和不可见轮廓线，保留可见轮廓线投影并加深，如图 8-10d 所示。

8-1 根据立体的三视图，作出其正等轴测图。

8-2 根据立体的三视图，作出其正等轴测图。

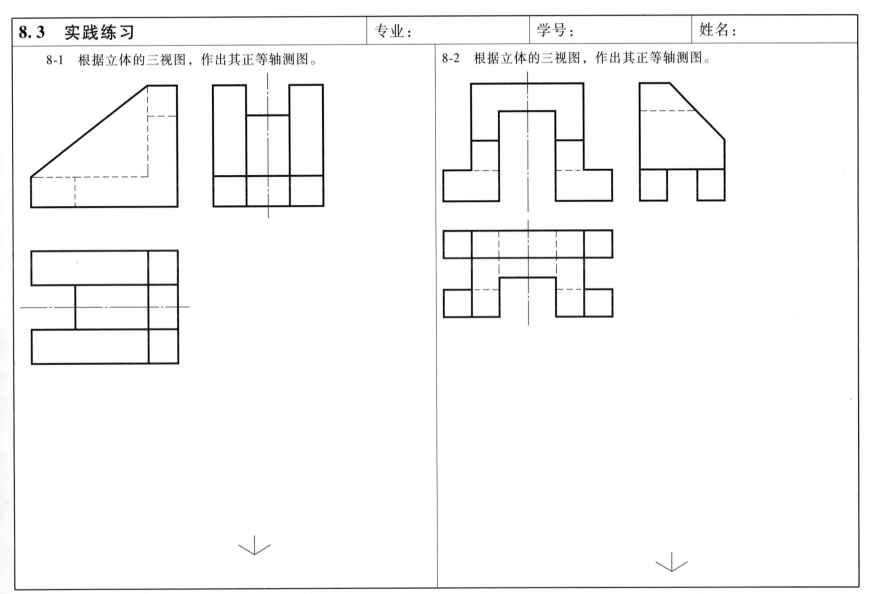

8-3 根据立体的主、俯视图，作出其左视图和正等轴测图。

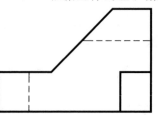

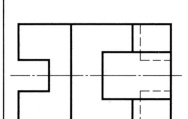

8-4 根据立体的主、左视图，作出其俯视图和正等轴测图。

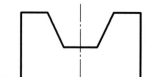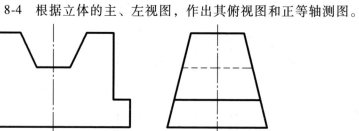

8-5 根据立体的三视图，作出其正等轴测图。

8-6 根据立体的三视图，作出其正等轴测图。

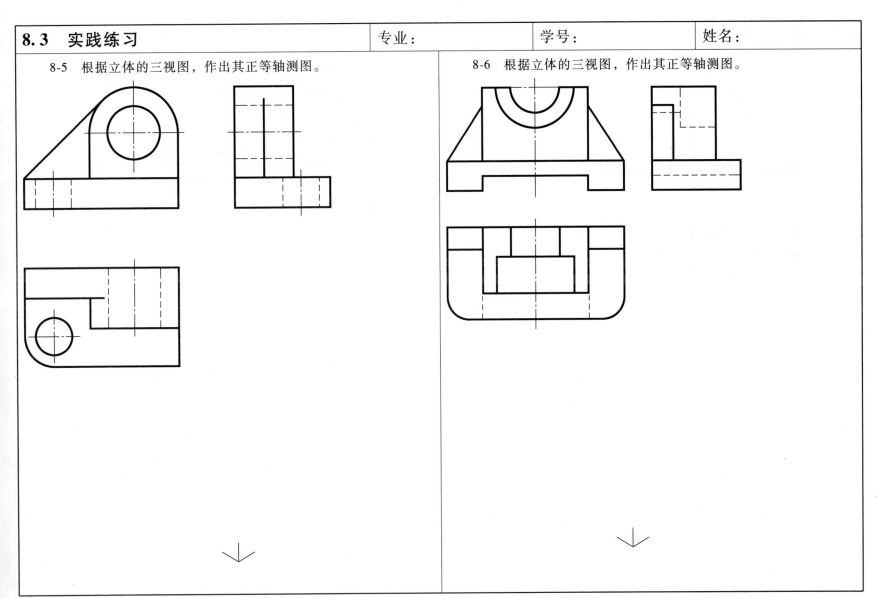

8-7 在指定的框格内，徒手绘制立体的正等轴测图。

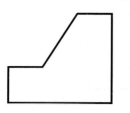

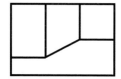

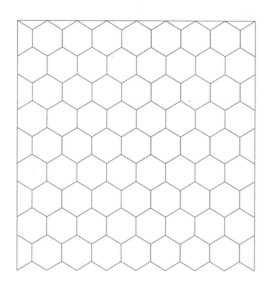

8-8 在指定的框格内，徒手绘制立体的正等轴测图。

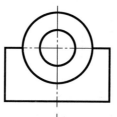

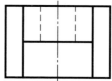

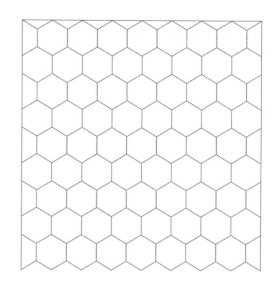

8-9　根据立体的三视图，作出其斜二轴测图。

8-10　根据立体的主、左视图，作出其斜二轴测图。

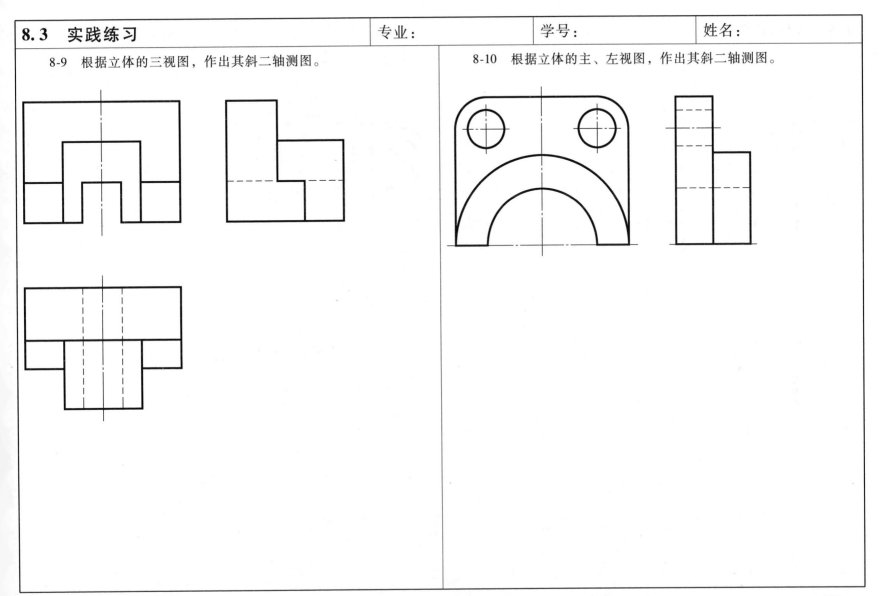

8-11 根据立体的主、左视图，作出其斜二轴测图。

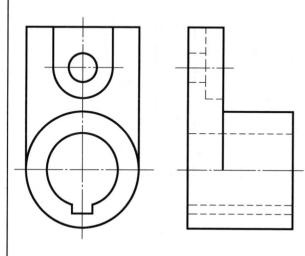

8-12 根据立体的主、俯视图，作出其斜二轴测图。

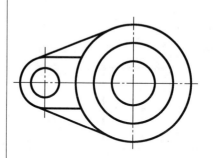

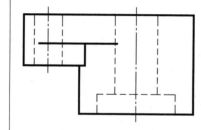

8-13 在指定的框格内，徒手绘制立体的斜二轴测图。

8-14 在指定的框格内，徒手绘制立体的斜二轴测图。

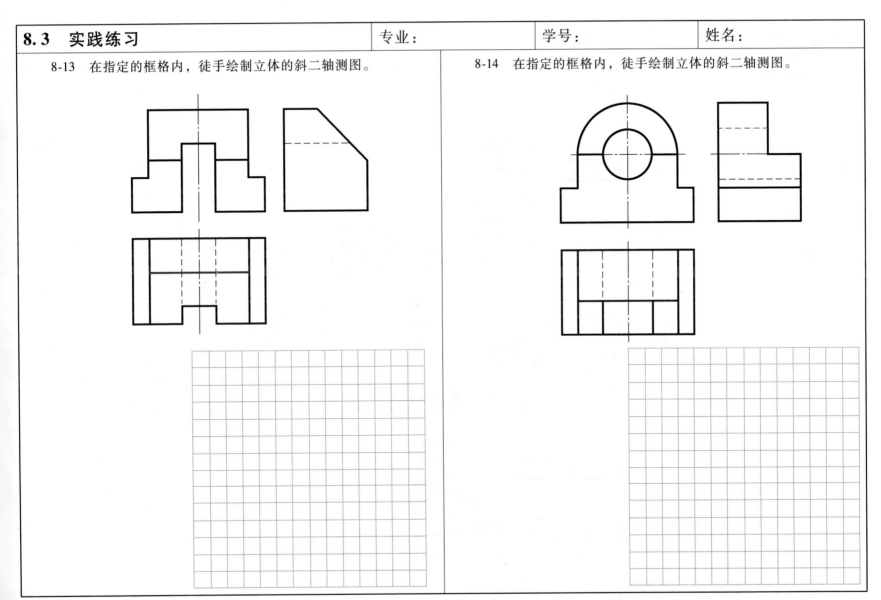

第9章 机件形状的基本表示方法

9.1 内容导学

一、内容框架

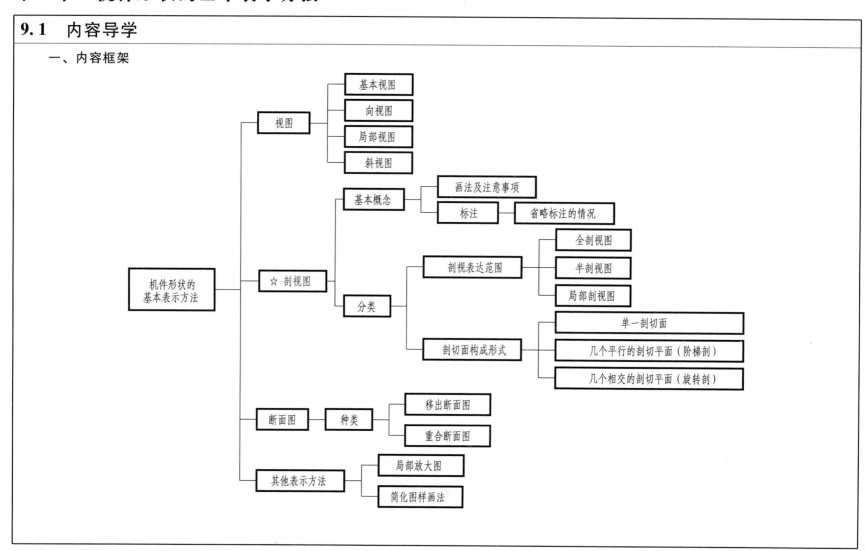

二、知识要点

1. 视图

（1）概念

根据有关标准和规定，用正投影法绘制出的机件的图形（多面正投影）称为视图。

（2）种类

1）基本视图：机件向基本投影面投射所得的投影，包括主视图、俯视图、左视图、后视图、仰视图和右视图。

2）向视图：自由平移配置的基本视图。

3）局部视图：将机件的某一部分向基本投影面投射所得的视图。

4）斜视图：将机件的倾斜结构向不平行于基本投影面的平面投射所得的视图。

2. 剖视图

（1）概念

当机件的内部形状较复杂时，视图上的虚线与实线就会出现交错、重叠，影响了图形的清晰，也不便于标注尺寸。为此，国家标准规定采用剖视的方法直接表达机件的内形。假想用剖切面剖开机件，移去剖切面和观察者之间的部分，将其余部分向投影面投射，并在剖面区域内画上剖面符号，所得的图形称为剖视图，简称剖视。

（2）分类

1）按剖视的表达范围划分：剖视图分为全剖视图、半剖视图和局部剖视图。

① 全剖视图：用一个或一组剖切平面，完全地剖开机件所得的剖视图。适用于表达外形简单、内形复杂的机件。

② 半剖视图：当机件具有对称平面时，向垂直于对称平面的投影面上投射所得的图形，可以以对称中心线为界，一半画成剖视图，另一半画成视图，这种合成图形称为半剖视图。适用于外形需要表达，内部结构也需要表达且具有对称平面的机件。

③ 局部剖视图：用剖切平面局部地剖开机件所得的剖视图。局部剖视图应用比较灵活，既可以表达物体上局部孔、槽的结构，又可以保留需要表达的外形结构。

2）按剖切面的构成形式划分：根据机件的结构特点，恰当地选择剖切面的组合方式和位置是非常重要的。按剖切面的构成形式划分，有单一剖切面（平面或圆柱面）、几个平行的剖切平面、几个相交的剖切平面。

① 单一剖切面：单一剖切面可以是投影面平行面（最常用），也可以是投影面垂直面，在特殊情况下还可以采用圆柱面将机件剖开。

② 几个平行的剖切平面：用几个平行的剖切平面将机件剖开，然后将剖切平面后面的机件同时向投影面投射，即得到用几个平行的剖切平面剖切得到的剖视图，又称为阶梯剖视图。

③ 几个相交的剖切平面：当用一个剖切平面不能通过机件的各内部结构，而机件在整体上又具有回转轴时，可用几个相交的剖切平面剖开机件（交线垂直于某一基本投影面），然后将剖切平面的倾斜部分旋转到与基本投影面平行，再进行投射得到的剖视图，又称为旋转剖视图。

3. 断面图

（1）概念

假想用剖切平面将机件的某处切断，仅画出剖切平面与机件接触部分的图形，称为断面图，简称断面。为了表示清楚机件上某些结构的形状，如肋、轮辐、孔、槽等，可画出这些结构的断面图。

☆断面图与剖视图的区别：断面图是仅画出机件断面形状的图形；而剖视图不仅要画出其断面形状，还要画出剖切平面之后的可见轮廓线。

（2）种类

1）移出断面图：画在视图中被剖切结构的投影轮廓之外的断面图。

2）重合断面图：画在视图中被剖切结构的投影轮廓之内的断面图。

三、作图要领

学习本章时要结合案例理解各种表达方法的特点和应用，特别是对常用的全剖视图、半剖视图和局部剖视图，要理解概念、掌握画法、领会标注，其他表示方法可触类旁通。

1. 视图

1）基本视图：在同一张图纸上，按六个基本视图展开位置配置视图，此时是以主视图为基准，其他视图都应与主视图保持特有的相对位置，且符合基本投影规律，即主视图、后视图、俯视图、仰视图"长对正"，主视图、后视图、左视图、右视图"高平齐"，俯视图、仰视图、左视图、右视图"宽相等"，这种情况下可以不加任何标注。

2）向视图：在同一张图纸上，如不能按六个基本视图展开位置配置，要在视图的上方用大写拉丁字母标注视图名称，在相应视图的附近用箭头指明投射方向，并标注相同的字母。

3）局部视图：局部视图需画出假想的断裂边界，用波浪线或双折线表示。当所表示的局部结构的外形轮廓线是封闭图形时，断裂分界线可不画。当局部视图按基本视图的形式配置，且中间没有其他图形隔开时，不必标注。当局部视图按向视图的形式配置，标注方法与向视图的标注相同。

4）斜视图：画斜视图的目的是为了表示机件上倾斜部分的实形，斜视图通常都画成局部视图，并用波浪线或双折线断开，波浪线的画法和局部视图的画法相同。斜视图通常按向视图的形式配置并标注，最好按投影关系配置，也可平移到其他位置。必要时，允许将斜视图转正配置，需要加注旋转符号。

2. 剖视图

1）剖切平面位置的选择：剖视图的目的是表达机件的内部结构，剖切平面位置的选择，应尽可能通过较多内部结构的轴线或对称中心线，并且剖切平面尽可能与投影面平行，这样在剖视图中可反映出剖切区域的实形。

2）剖视图的标注：一般情况下，应在剖视图的上方标注剖视图的名称，如 $A—A$、$B—B$ 等，在相应的视图上用剖切符号表示剖切位置，用箭头表示投射方向，并注上同样的字母。

3）省略或简化标注的条件：当单一剖切平面通过机件的对称平面或基本对称平面，而且剖视图按投影关系配置，中间又没有其他图形隔开时，可省略全部标记。当单一剖切面未通过对称平面，剖视图按投影关系配置，中间又没有其他图形时，可省略箭头，但剖切符号和名称不能省略。

3. 断面图

1）移出断面图：移出断面图的轮廓线用粗实线绘制，移出断面图尽量配置在剖切符号或剖切线的延长线上，也可以配置在其他位置。移出断面图的标注形式及内容和剖视图相同。

2）重合断面图：重合断面图的轮廓线要用细实线绘制。

☆注意：在选择表示方法时，应首先考虑主体结构和整体结构的表达，然后针对次要结构和细小部位进行补充。以首选基本视图或在基本视图上取剖视为主，再考虑其他视图。

9.2 例题解析

【例9-1】 如图9-1所示，已知机件的三视图和正等轴测图，作出其右视图、仰视图、后视图。

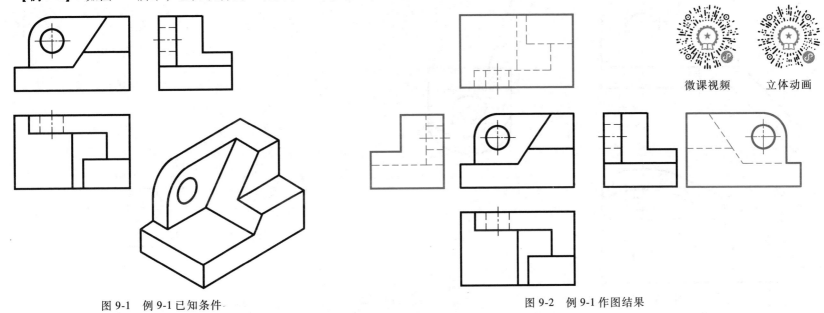

微课视频　立体动画

图9-1　例9-1已知条件

图9-2　例9-1作图结果

分析：

对如图9-1所示机件的三视图进行分析，该机件是由一个矩形底板、直角梯形的厚正立板及带有圆角和圆孔的薄正立板组成，可由如图9-1所示正等轴测图看出其立体形状。

由于主视图和后视图是分别从机件前、后投射的，所以这两个视图的形状以铅垂线为中心线，左右对称；同理，俯视图与仰视图的形状以水平线为中心线，上下对称；左视图与右视图的形状以铅垂线为中心线，左右对称。同时要注意区分主视图与后视图、俯视图与仰视图、左视图与右视图的可见性相逆的对应关系。

作图：

1）在主视图正上方用粗实线和细虚线分别画出与俯视图关于水平线上下对称的仰视图的外部投影轮廓、内部结构投影轮廓。

2）在主视图正左侧用粗实线和细虚线分别画出与左视图关于铅垂线左右对称的右视图的外部投影轮廓、内部结构投影轮廓。

3）在左视图正右侧用粗实线和细虚线分别画出与主视图关于铅垂线左右对称的后视图的外部投影轮廓、内部结构投影轮廓。

4）作图结果如图9-2所示。

【例 9-2】 如图 9-3 所示，已知机件的三视图，作出为了清楚表达机件形状所必需的 A 向和 B 向斜视图。

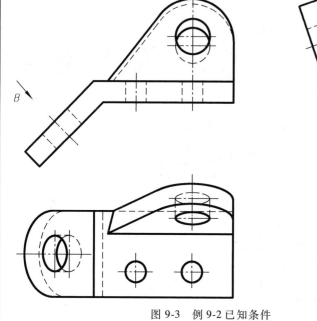
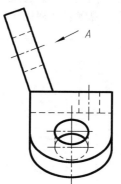

微课视频　　立体动画

图 9-3　例 9-2 已知条件

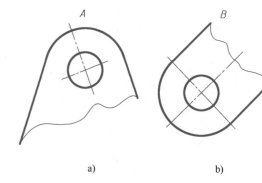

a)　　　　　　　b)

图 9-4　例 9-2 作图结果

a）A 向斜视图　b）B 向斜视图

分析：

对如图 9-3 所示的机件进行分析，该弯板结构的左下方和右上方部分均不平行于基本投影面，已知视图均不能反映它们的实形。为了表达它们的实形，需采用斜视图，采用 A 向斜视图表达机件右上方结构实形，B 向斜视图表达机件左下方结构实形。

斜视图需要标注投射方向和视图名称，当需要表达的部分结构与其他结构相连接时，需要用波浪线断开。

作图：

1）为作出 A 向斜视图，从左视图中表示圆孔转向轮廓线的细虚线入手，量取圆孔直径尺寸并在适当位置画出圆孔实形，剩余外部轮廓根据主视图中该处结构的形状尺寸画出，添加波浪线表示断裂边界，在斜视图正上方注写字母 A，在左视图画出表示投射方向的箭头并使其垂直于倾斜表面，字母 A 写成水平方向，如图 9-4a 所示。

2）B 向斜视图的绘制可在适当位置画出机件左下方倾斜结构中的圆孔实形，剩余外部轮廓根据俯视图中该处结构的形状尺寸画出，添加波浪线表示断裂边界，标注方法同步骤 1），如图 9-4b 所示。

【例9-3】 如图9-5所示，已知机件的主视图、俯视图，作出全剖的左视图。

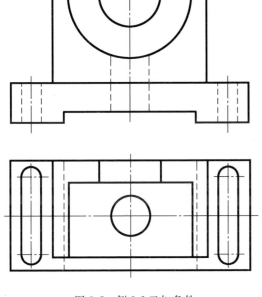

图9-5 例9-3已知条件

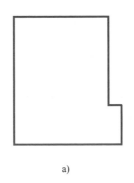
a)

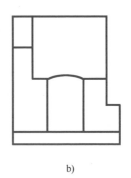
b)

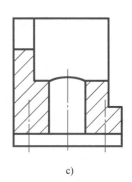
c)

微课视频

立体动画

图9-6 例9-3作图过程
a) 外部轮廓　b) "虚线变实线"　c) 添加剖面线

分析：

对如图9-5所示的机件进行分析，从主视图和俯视图可以看出，该结构可看作是由一个四棱柱底板和四棱柱凸台叠加而成的。其中，底板底部有一前后方向的通槽，左、右两侧对称位置有两个上下方向的直槽口；凸台上侧挖切出轴线为正垂线的两个直径不同的半圆柱槽；整个结构中部有一个轴线为铅垂线的圆柱孔。

该机件左右对称，在进行左视图的全剖视表达时，剖切平面为左右对称平面，移去左半部分，将右半部分进行投影。机件左、右两侧的直槽口在全剖视图中不画，需用细点画线画出表示直槽口两端半圆柱面轴线的位置。

作图：

1）剖切位置处的左视图外部轮廓投影由表示底座的矩形和表示凸台的矩形构成，如图9-6a所示。

2）剖切位置处的内部轮廓线，一种是轴线为正垂线的两种不同直径半圆柱的侧面投影；另一种是轴线为铅垂线的圆柱孔的侧面投影。剖切平面后侧底板通槽的轮廓线可见，如图9-6b所示。

3）剖切区域内用细实线画出剖面线，如图9-6c所示。

4）剖切平面通过机件的对称平面，且左视图按基本视图形式配置，中间没有其他图形隔开，可省略标注。

【例9-4】 如图9-7所示，已知机件的主视图、俯视图，将主视图改画成半剖视图。

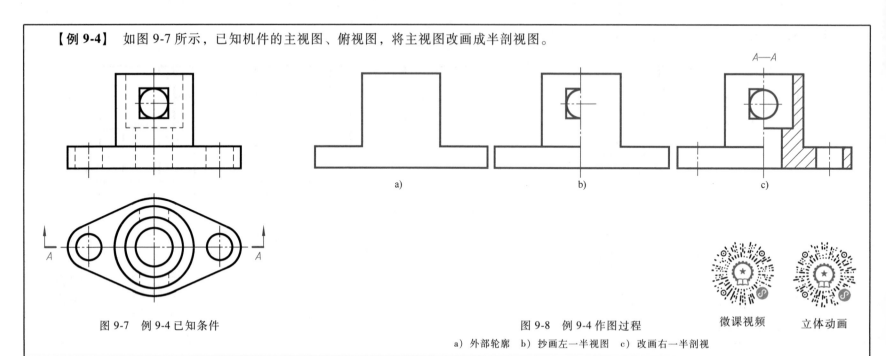

图 9-7 例 9-4 已知条件

图 9-8 例 9-4 作图过程
a）外部轮廓　b）抄画左一半视图　c）改画右一半剖视

分析：

对如图9-7所示的机件进行分析，从主视图和俯视图可以看出，该机件由底板和轴线为铅垂线的圆筒组成。底板左、右两端有圆柱形通孔；圆筒内部中间是阶梯形圆柱孔，圆筒上部前侧中间位置是方形切槽，圆筒上部后侧中间位置是圆柱形通孔。

该机件左右对称，故主视图可以画成半剖视图。视图部分省略虚线，画出外形轮廓线；另一半剖视图部分要注意去除轮廓内部粗实线，将虚线改画成实线，在剖切区域添加剖面线。

作图：

1）抄画外形。在适当位置抄画主视图外部轮廓，如图 9-8a 所示。

2）以细点画线表示的对称中心线为界，左一半为视图部分，抄画主视图中左半部分视图中的可见轮廓线，如图 9-8b 所示。

3）以细点画线表示的对称中心线为界，右一半为剖视图部分，将主视图中右半部分的细虚线在剖视图中同样位置改画成粗实线，在剖切区域内添加剖面线。

4）由于机件上方的圆筒前后侧结构不同，需在俯视图中用剖切符号指示剖切平面起、止位置及投射方向，并标注字母 A，在半剖视图正上方标注剖视图名称 "A—A"，如图 9-8c 所示。

【例 9-5】 如图 9-9 所示，已知机件的主视图、俯视图，将主视图、俯视图改画成局部剖视图。

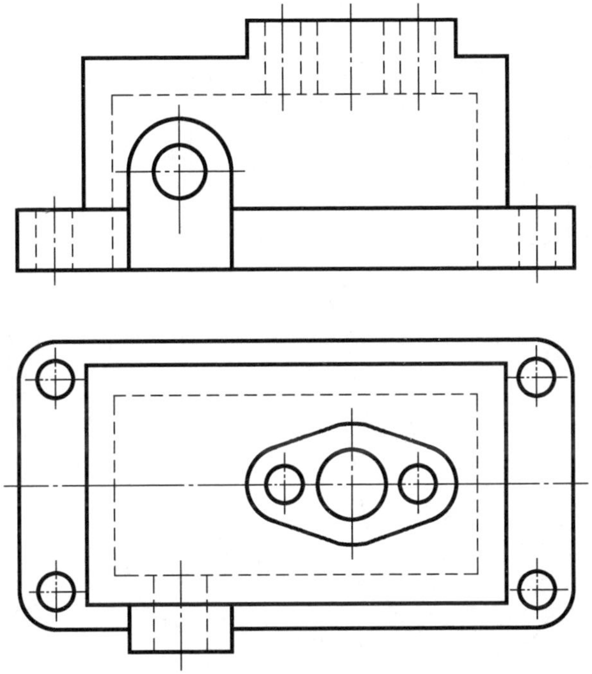

图 9-9　例 9-5 已知条件

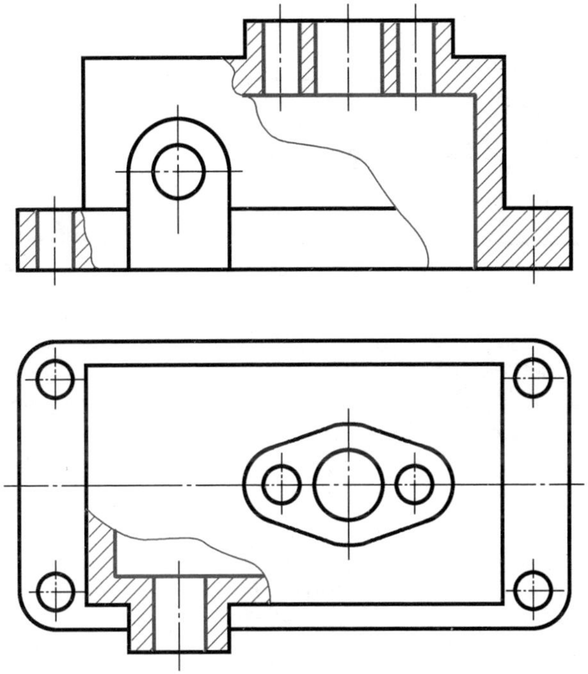

图 9-10　例 9-5 作图结果

分析：

对如图 9-9 所示的机件进行分析，从主视图和俯视图可以看出，该机件为箱体结构。其中，底板为四棱柱，四个角上有轴线为铅垂线的圆柱形通孔；上侧是一个以四棱柱为主体结构的箱体；箱体前侧是倒 U 形的凸台；箱体顶面有一个有三个通孔的凸台。该机件内外形均需要表达，且左右、前后不对称，主、俯视图应在适当范围内作局部剖。局部剖视图中以波浪线为假想实体断裂的边界线，故波浪线应画在机件的实体部分。

作图：

1）在主视图中作局部剖视图，将表示箱体内部结构、上底面凸台内部结构、底板圆柱孔内部结构的细虚线改画成粗实线，用波浪线表示断裂边界，剖切区域添加剖面线，如图 9-10 中的主视图所示。

2）在俯视图中作局部剖视图，将表示倒 U 形凸台内部结构的细虚线改画成粗实线，其他步骤同主视图改画局部剖视图的步骤，如图 9-10 俯视图所示。

【例 9-6】 如图 9-11 所示，已知机件的主视图、俯视图，作出机件的 *B—B* 斜剖视图。

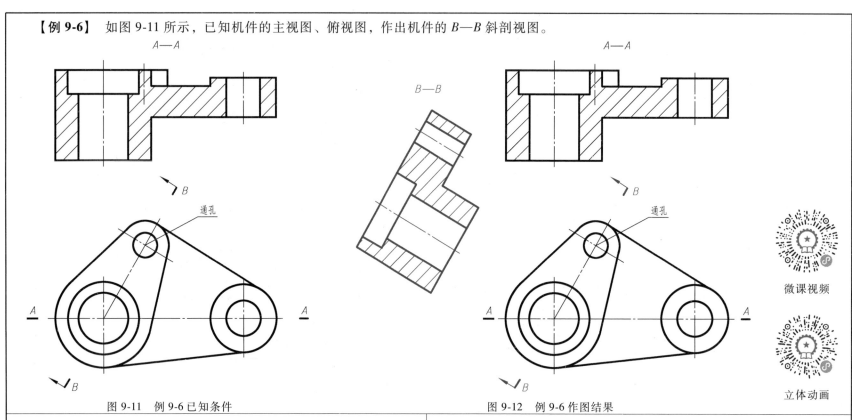

图 9-11 例 9-6 已知条件　　　　　　　　　　　　图 9-12 例 9-6 作图结果

微课视频

立体动画

分析：

对如图 9-11 所示的机件进行分析，从主视图和俯视图可以看出，该机件可以看作由左侧大圆柱体、左侧上部由优弧和劣弧构成的薄板、中间三角形板、右侧小圆柱体组合而成。左侧圆柱体上部有一大圆柱孔，下部有一小圆柱孔。其中，优弧和劣弧构成的薄板内部有上下贯通的圆柱孔，该薄板结构相对于投影面处于倾斜位置，需采用单一剖切平面中的铅垂面取剖视图进行表达。*B—B* 斜剖视图用于表达机件左侧圆柱体中阶梯孔和圆柱孔的形体结构。

作图：

1）倾斜结构的外形轮廓投影由两个矩形框构成，其高度尺寸从主视图中量取，宽度尺寸从俯视图中圆弧处量取。

2）倾斜结构左侧内部是阶梯孔，尺寸与主视图中的一致；右侧是通孔，尺寸与俯视图中的一致。

3）斜剖视图最好按投影关系配置，剖切面平通过阶梯孔和圆柱孔的轴线，投射方向为指向左上方方向，在斜剖视图正上方标注剖视图名称"*B—B*"，如图 9-12 所示。

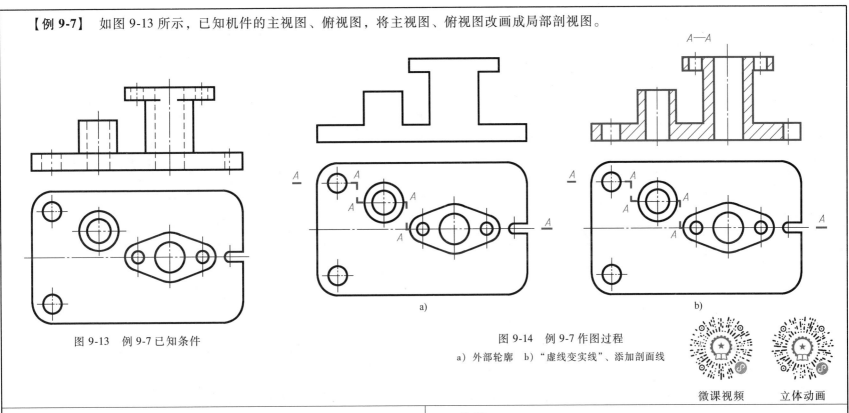

【例 9-7】 如图 9-13 所示，已知机件的主视图、俯视图，将主视图、俯视图改画成局部剖视图。

图 9-13　例 9-7 已知条件

图 9-14　例 9-7 作图过程
a）外部轮廓　b）"虚线变实线"、添加剖面线

微课视频　　立体动画

分析：

对如图 9-13 所示的机件进行分析，从主视图和俯视图可以看出，该机件左侧有一个圆柱筒，底板是一个带有圆角的四棱柱，右侧有一个圆柱筒与菱形柱体构成的组合体，该机件内部的圆柱孔轴线均为铅垂线。

圆柱筒内的圆柱孔为上下贯通的；底板左侧有两个圆柱孔，右侧中间有 U 形切槽；右侧组合体结构上有三个圆柱孔。以上圆柱孔轴线位于四个正平面位置的剖切平面上，故可采用阶梯剖，作图时用三个相互平行的剖切平面，依次剖切上述结构。

作图：

1）在俯视图上确定剖切位置，根据"长对正"投影关系，抄画主视图外部轮廓，如图 9-14a 所示。

2）将主视图中表示各处圆柱孔转向轮廓线的细虚线在剖视图同样位置改画成粗实线，如图 9-14b 所示。

3）剖切区域内画上剖面线及表示回转体轴线的点画线，由于剖视图按投影关系配置，中间没有其他图形隔开，可省略箭头，如图 9-14b 所示。

【例9-8】 如图9-15所示，已知机件的主视图、左视图，将主视图改画成全剖视图。

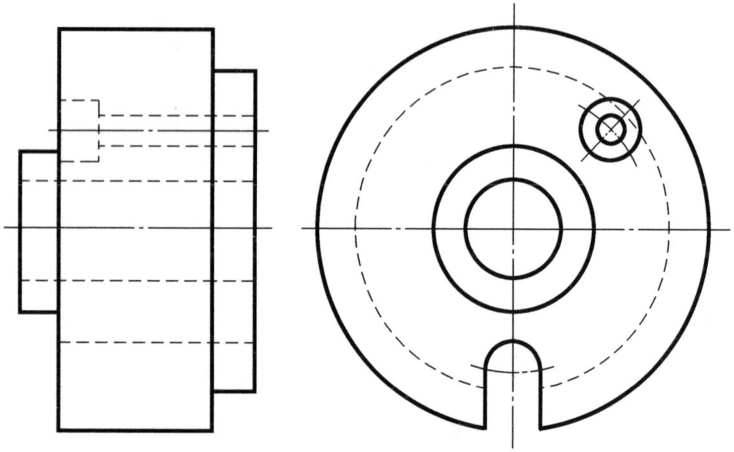

图9-15　例9-8已知条件

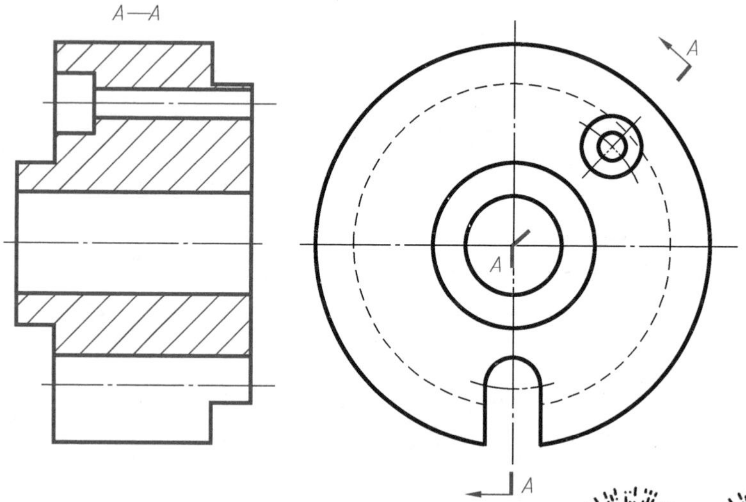

图9-16　例9-8作图结果

分析：

对如图9-15所示的机件进行分析，从主视图和左视图可以看出，该机件的主体结构为三个直径不同的圆柱同轴叠加而成。从左视图中可以看出，孔、槽的回转轴线位于两个相交且互相不垂直的平面上。

将主视图改画成全剖视图，需采用两个相交的剖切平面，自下方到右上方，依次通过各孔的轴线剖切。第一个剖切平面为正平面；第二个剖切平面为侧垂面，剖开后倾斜部分须旋转到与正平面平行后再投射，但是剖切平面后的其他结构仍按原来位置投射画出。

作图：

1) 在左视图上确定剖切位置，按照"高平齐"投影关系，抄画主视图中该机件的外形轮廓投影。

2) 将沿正平面剖切的槽，按照剖视图的规定画法，细虚线改成粗实线，在剖切区域内画上剖面线。

3) 对轴线为侧垂线的阶梯孔，将其轴线旋转到与正平面平行后，量取该轴线与主体结构轴线的距离，按照该尺寸，在主视图中画出剖视图中表示阶梯孔轴线的细点画线，将主视图中阶梯孔的细虚线抄画在剖视图中并改画成粗实线，在剖切区域内画上剖面线。

4) 在全剖视图的正上方标注"$A-A$"，并在剖切平面的起、止和转折处用相同的字母 A 标注，如图9-16所示。

【例 9-9】 如图 9-17 所示，已知圆柱形阶梯轴的主视图，在指定位置作出 A、B、C、D、E 五处的移出断面图，并作出正确标注。

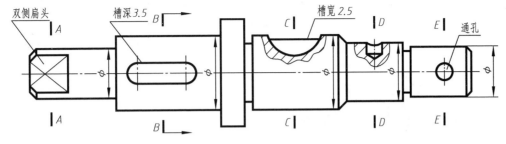

图 9-17 例 9-9 已知条件

微课视频

a) 双侧扁头断面图

b) 平键断面图

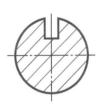

c) 半圆键断面图

d) 盲孔断面图

e) 通孔断面图

立体动画

图 9-18 例 9-9 作图结果

分析：

对如图 9-17 所示的阶梯轴进行分析，从左到右共有 5 处断面形状，第一处前、后两侧为平面；第二处前侧为槽深 3.5mm 的平键键槽；第三处上侧有槽宽 2.5mm 的半圆键键槽；第四处上侧有一个盲孔；第五处前后方向上为通孔。

画断面图时，注意当剖切平面通过回转面形成的孔或凹坑的轴线时，这些结构按照剖视图绘制；如果剖切后视图断开，也应按剖视图绘制；当断面图对称时，标注中可省略箭头；当断面图配置在剖切线的延长线上时，可省略名称。

作图：

1）画出各处断面图的对称中心线。

2）量取各处断面所在位置轴的直径，在相应位置画出圆。

3）根据主视图中不同局部结构的尺寸，分别画出双侧扁头、平键、半圆键、盲孔、通孔的断面图形，如图 9-18 所示。

4）由于主视图中局部剖视图已给出剖面线的画法，各处断面图的剖面线应与主视图中的剖面线一致。

5）C 处断面图配置在剖切线的延长线上且图形对称，箭头和字母均可省略，在其他四处断面图上分别标注 A—A、B—B、D—D、E—E，如图 9-18 所示。

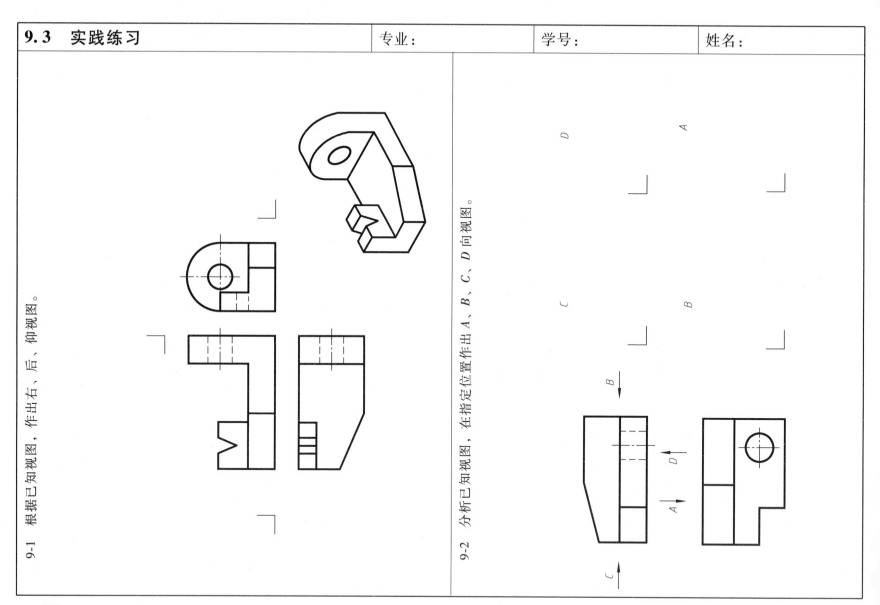

9-1　根据已知视图，作出右、后、仰视图。

9-2　分析已知视图，在指定位置作出 A、B、C、D 向视图。

9-3 作出机件的 A 向局部视图和 B 向斜视图。

9-4 作出机件的 A 向斜视图。

9-5　分析下列剖视图，补画漏线。

（1）

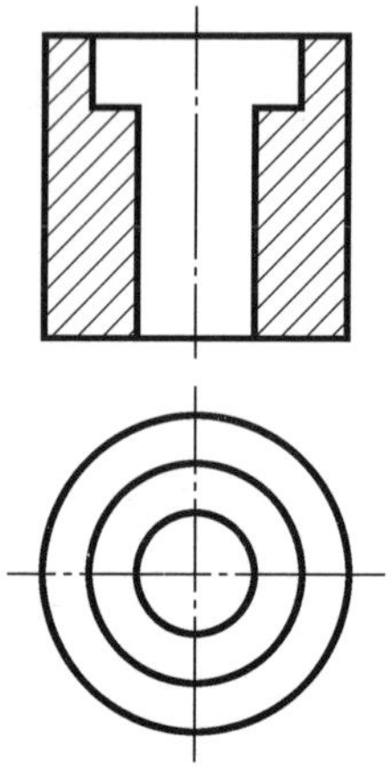

（2）

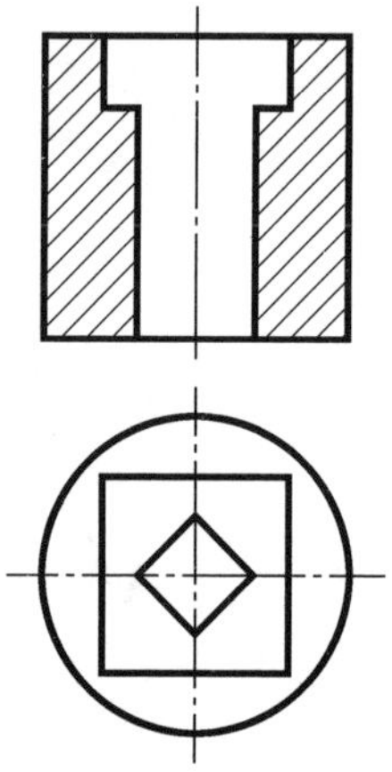

（3）

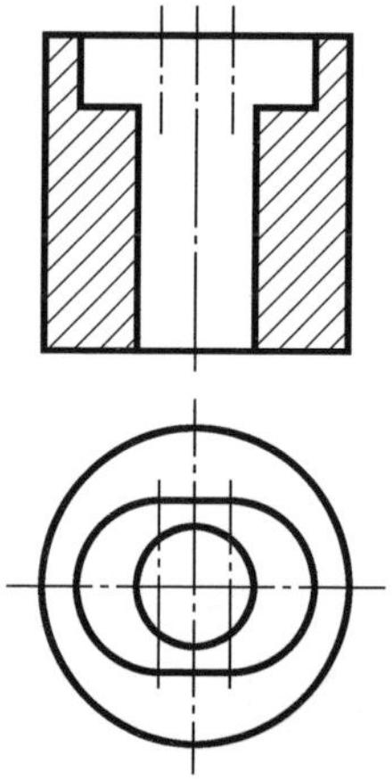

（4）

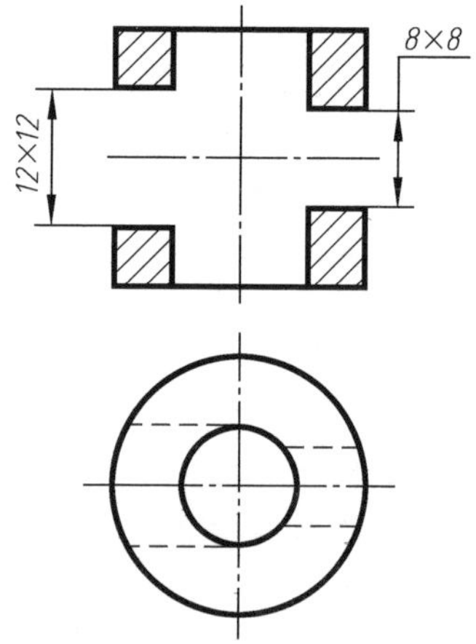

8×8

12×12

（5）

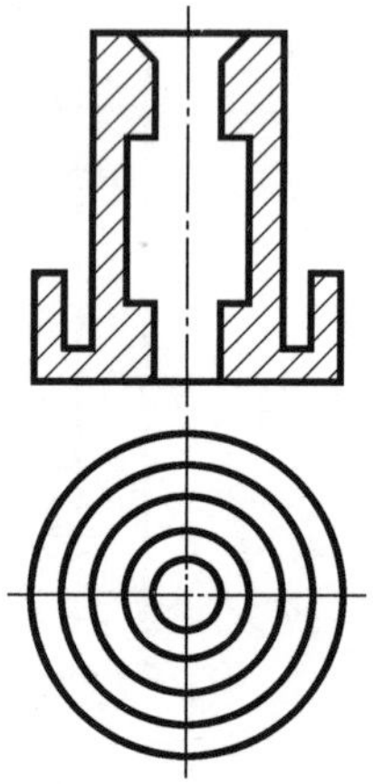

（6）

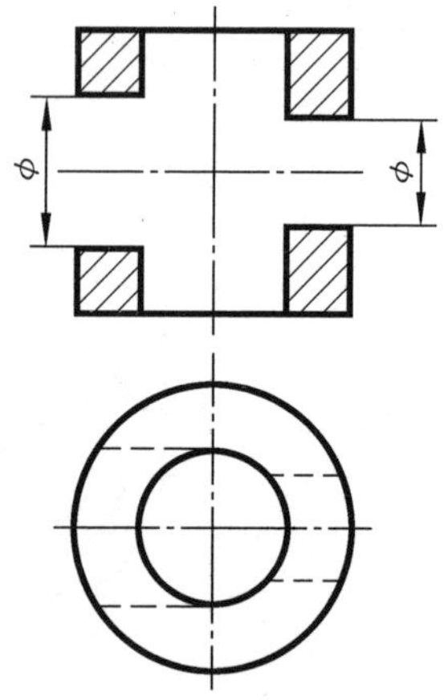

ϕ　　ϕ

（7）

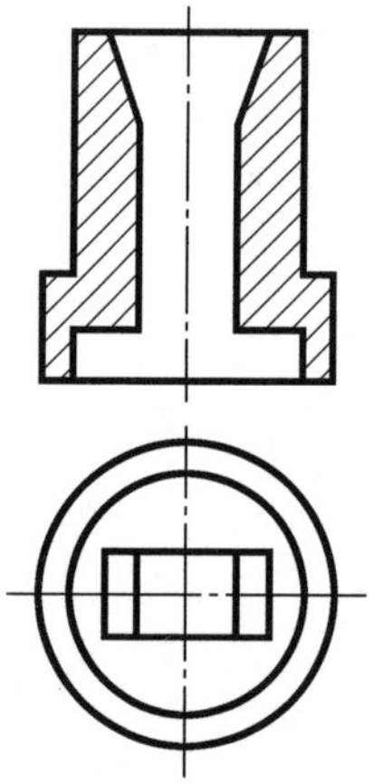

（8）

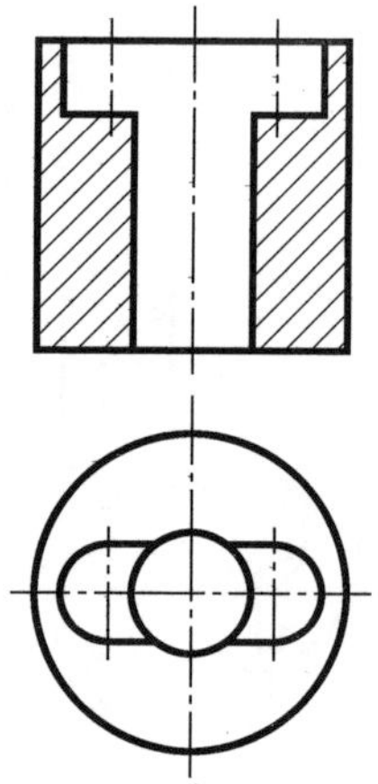

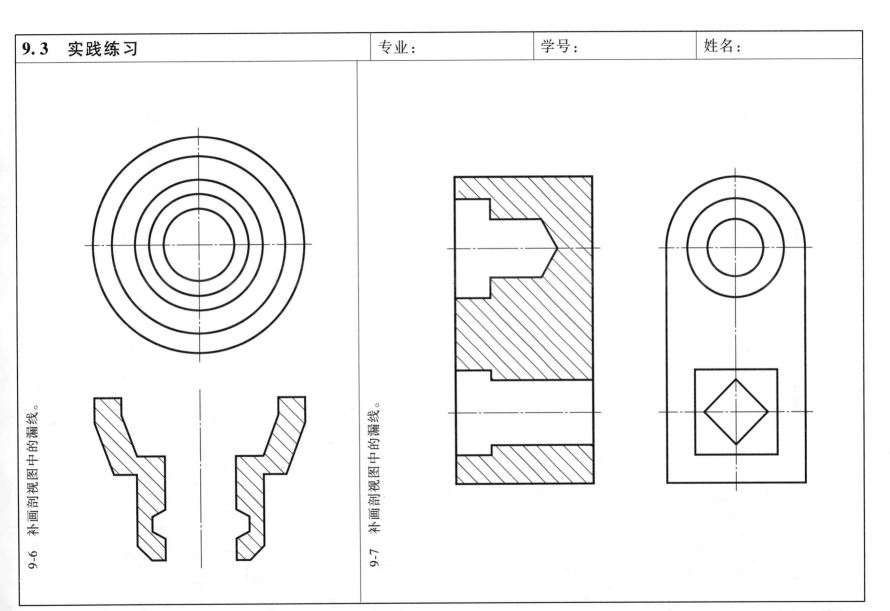

9-6 补画剖视图中的漏线。

9-7 补画剖视图中的漏线。

9-8 在指定位置将主视图改画成全剖视图。

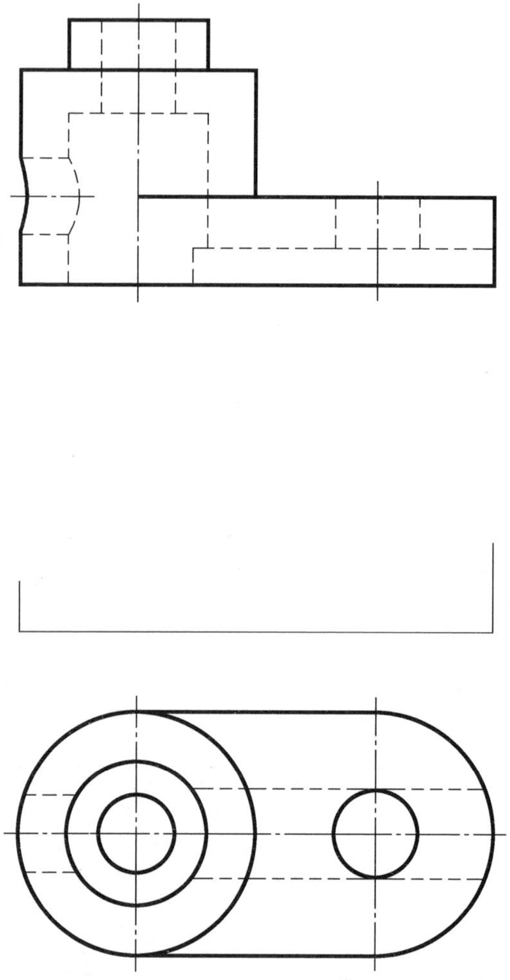

9-9 在指定位置将主视图改画成全剖视图。

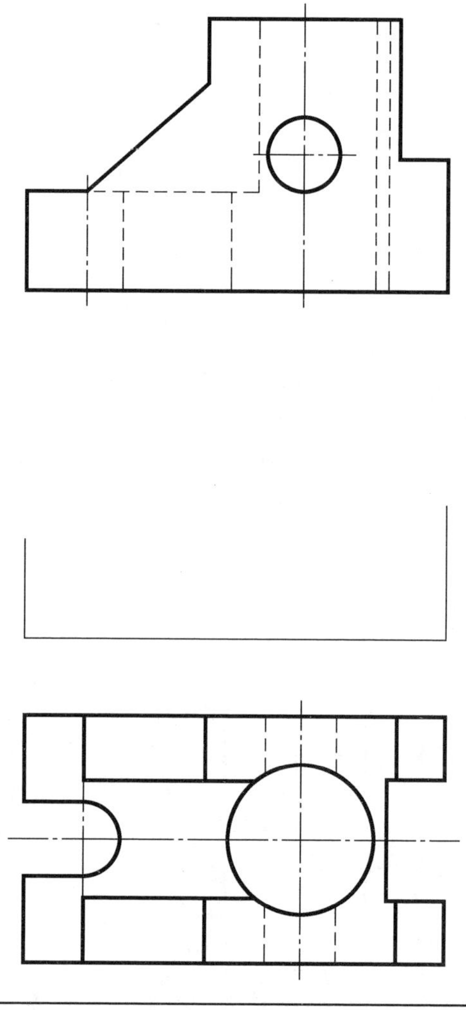

9-10 根据主、俯视图，在指定位置作出全剖的左视图。

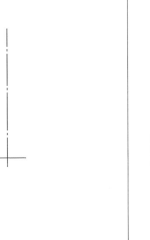
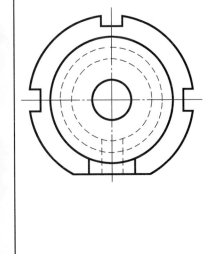

9-11 根据主、俯视图，在指定位置作出 *A—A* 全剖视图。

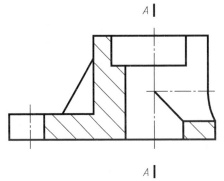

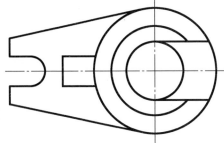

9-12 根据机件的已知视图，在指定位置作出 A—A、B—B、C—C 全剖视图。

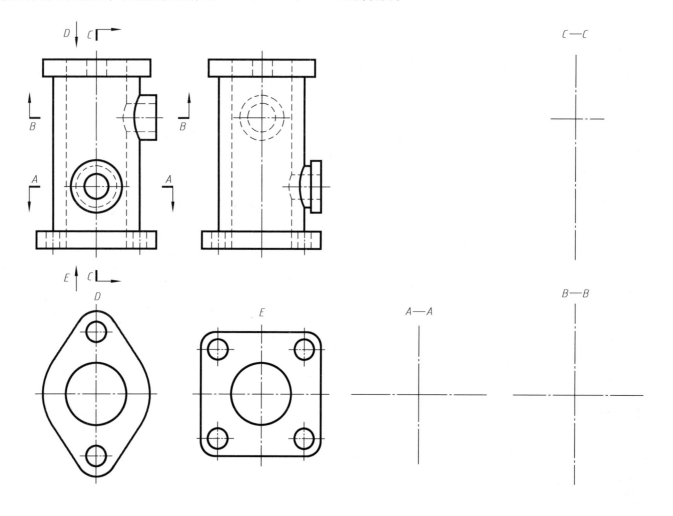

9-13 在指定位置将主视图改画成全剖视图。

9-14 在指定位置将主视图改画成全剖视图。

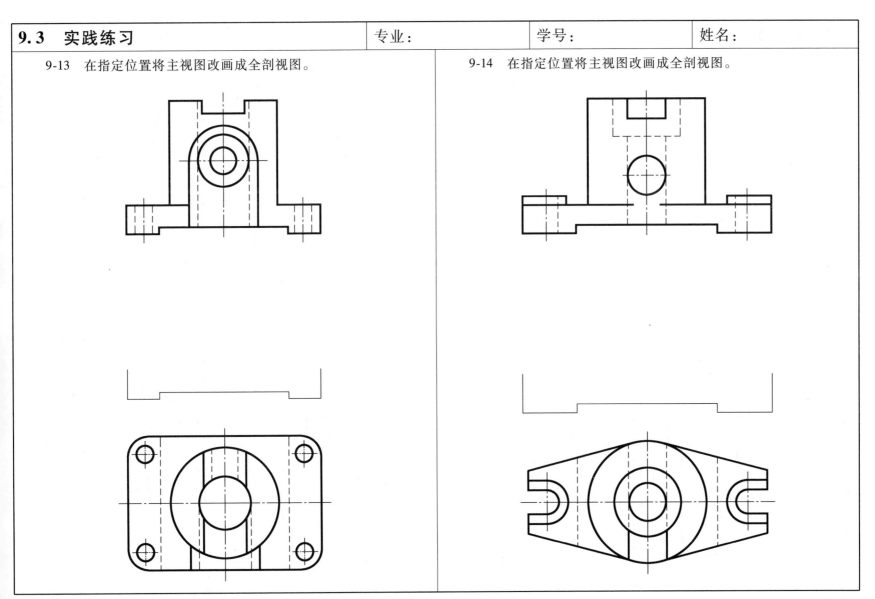

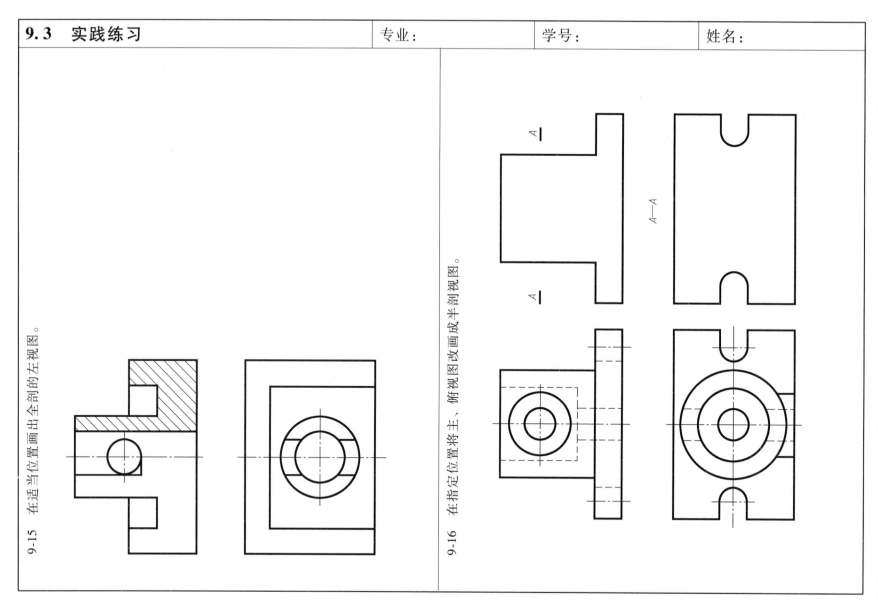

9-15　在适当位置画出全剖的左视图。

9-16　在指定位置将主、俯视图改画成半剖视图。

9-17 以 *A* 向视图作为俯视图、*B* 向视图作为左视图，在指定位置作出 *C—C*、*D—D* 全剖视图。

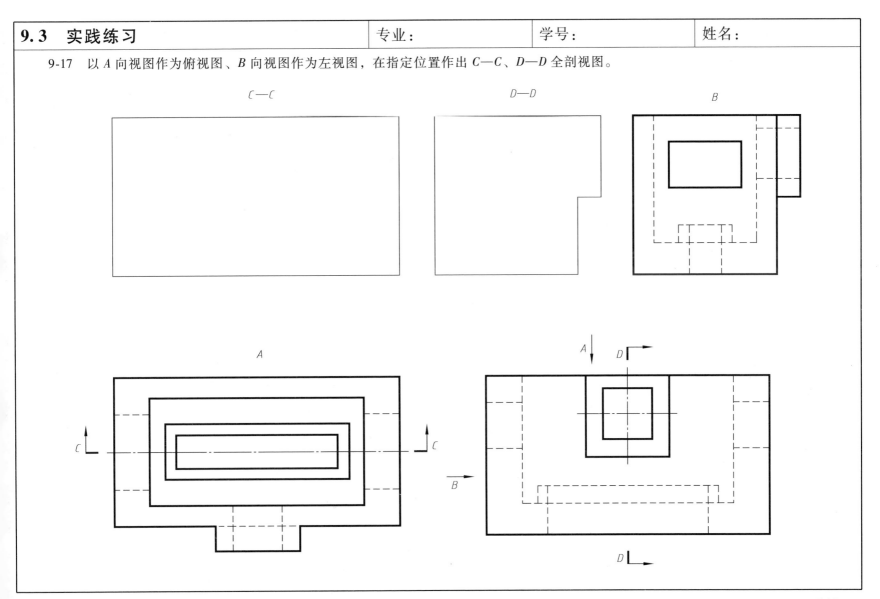

9-18　在指定位置将主视图改画成全剖视图，并作出 A—A 半剖视图。

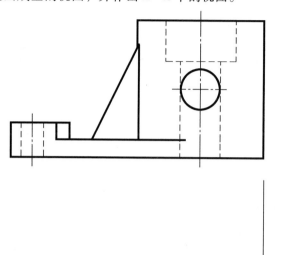

A—A

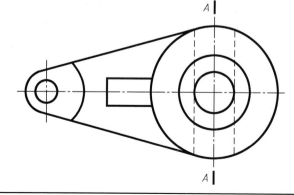

9-19 在指定位置将主视图改画成半剖视图，并作出全剖的左视图。

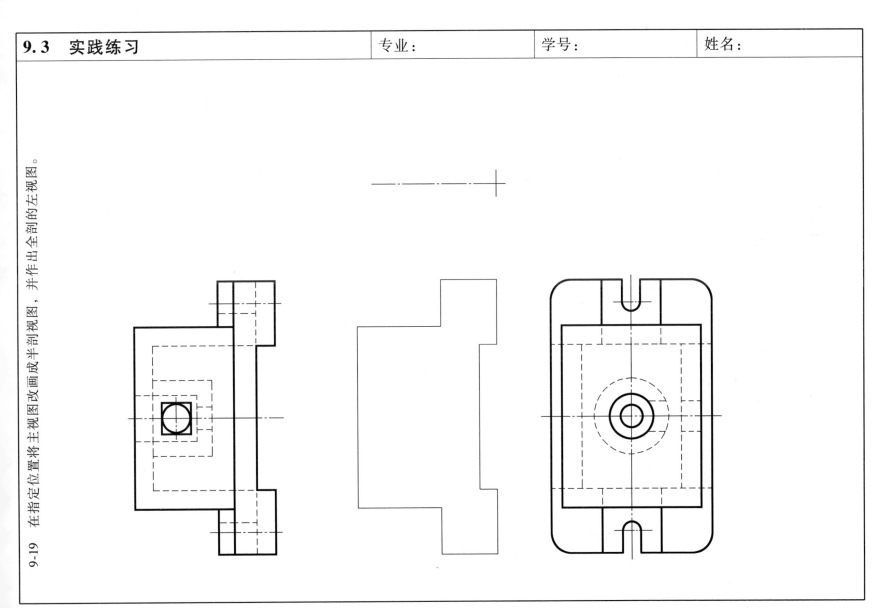

9-20　根据已知三视图，在指定位置将主视图改画为全剖视图，左、俯视图改画为半剖视图。

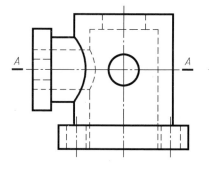
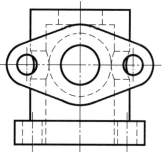
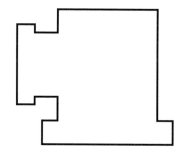

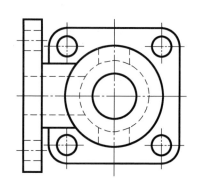

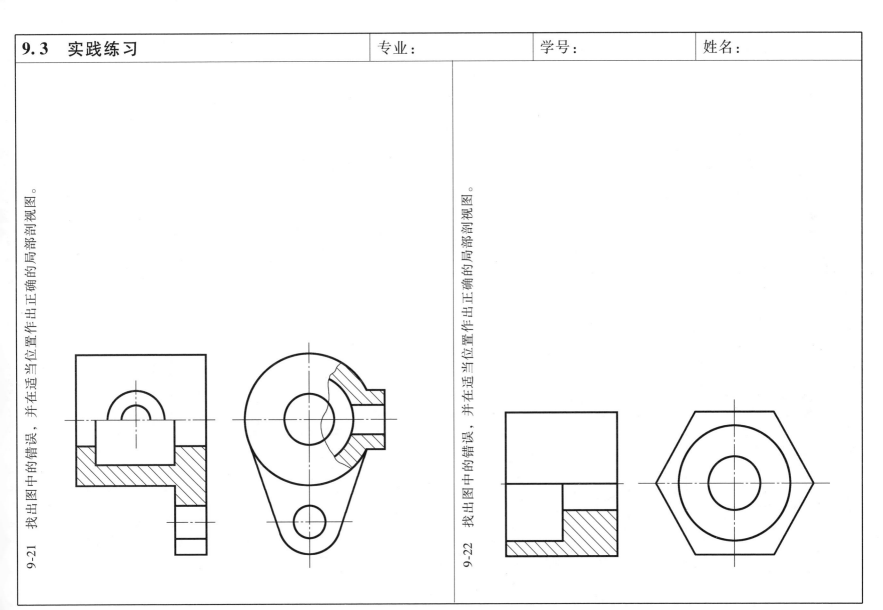

9-21　找出图中的错误，并在适当位置作出正确的局部剖视图。

9-22　找出图中的错误，并在适当位置作出正确的局部剖视图。

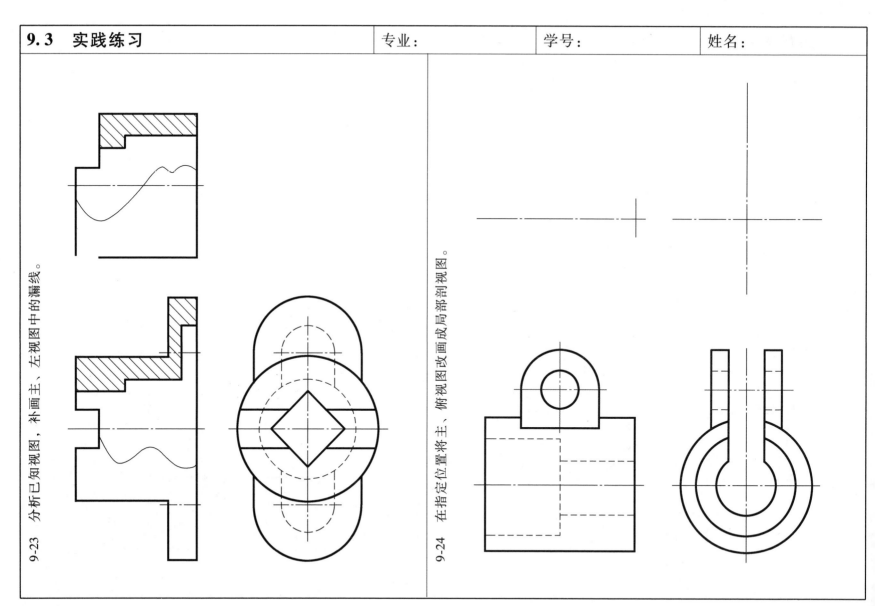

9-23　分析已知视图，补画主、左视图中的漏线。

9-24　在指定位置将主、俯视图改画成局部剖视图。

9.3　实践练习	专业：	学号：	姓名：

9-25　在指定位置作出 *A—A* 全斜剖视图。

A—A

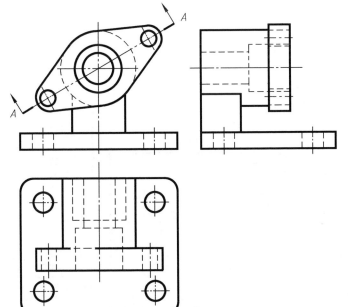

9-26　在指定位置作出 *A—A* 全剖视图（阶梯剖）。

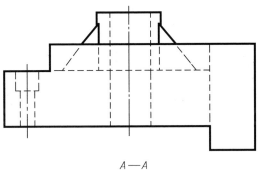

A—A

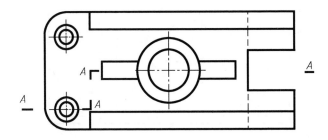

9-27 在指定位置作出 A—A 全剖视图（阶梯剖）。

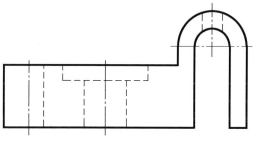

A—A

9-28 在指定位置作出 A—A 全剖视图（阶梯剖）。

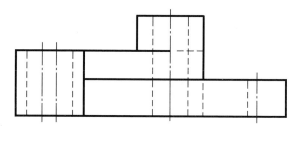

A—A

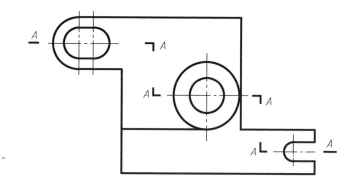

9-29 在指定位置作出 A—A 全剖视图（旋转剖）。

9-30 在指定位置作出 A—A 全剖视图（旋转剖）。

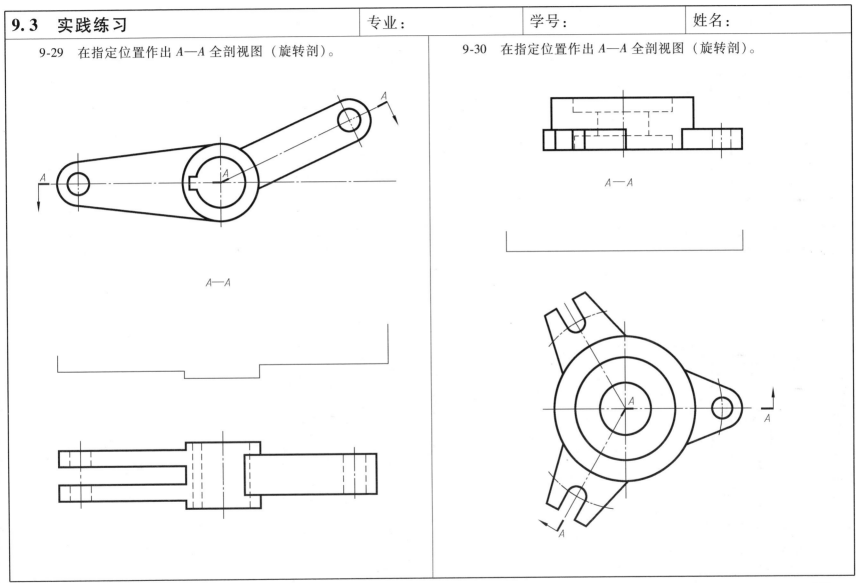

A—A

A—A

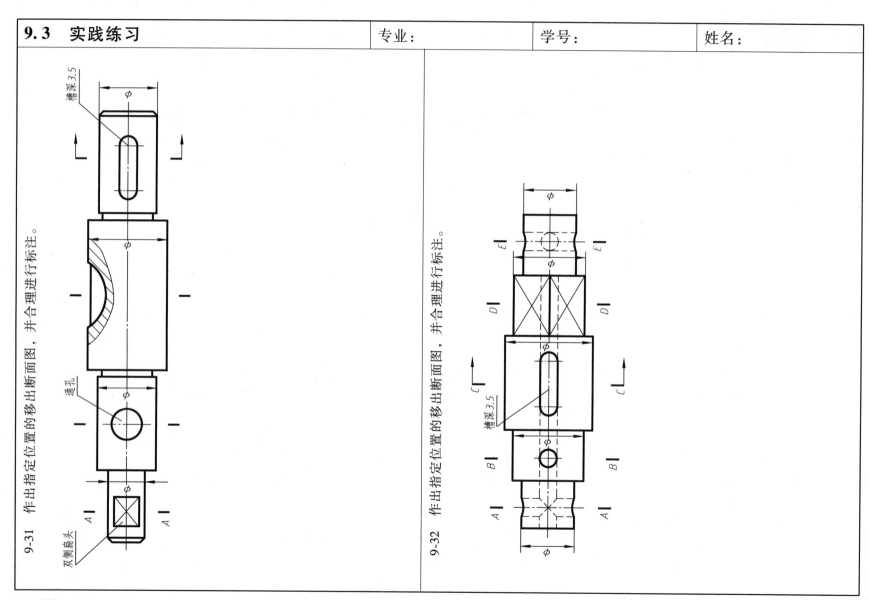

9-31　作出指定位置的移出断面图，并合理进行标注。

槽深3.5

通孔

双侧扁头

9-32　作出指定位置的移出断面图，并合理进行标注。

槽深3.5

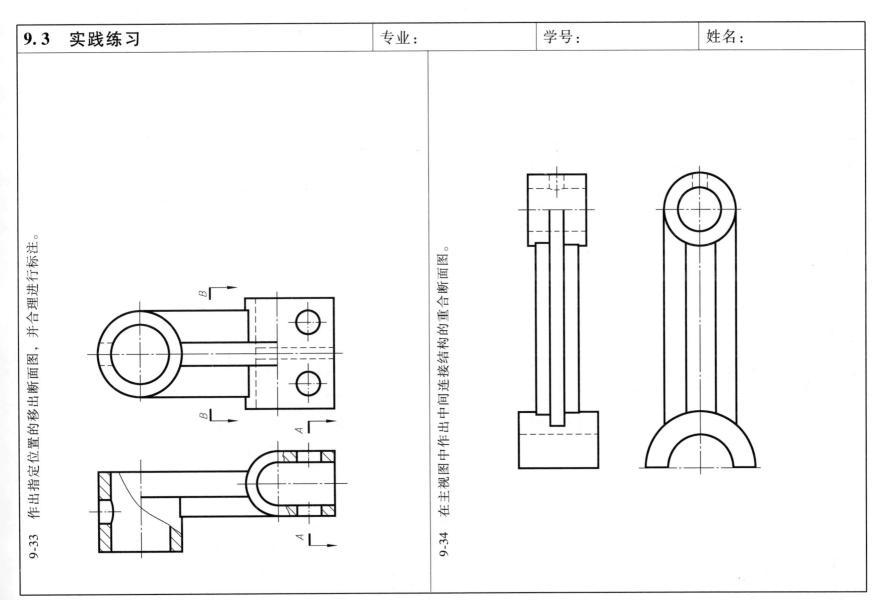

9-33 作出指定位置的移出断面图，并合理进行标注。

9-34 在主视图中作出中间连接结构的重合断面图。

专业： 学号： 姓名：

9-35 选用 2∶1 的比例，在 A3 图纸上采用合适的表达方法绘制机件图形，并标注尺寸（尺寸数值按 1∶1 的比例从图中量取并取整数）。

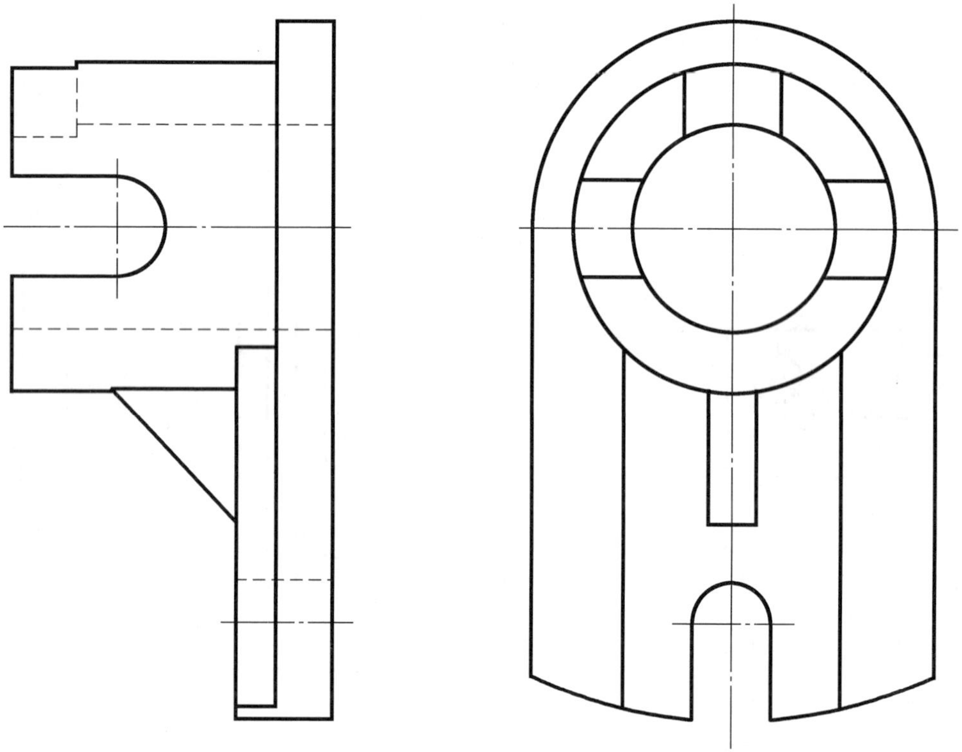

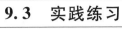

9-36　选用 2：1 的比例，在 A3 图纸上采用合适的表达方法绘制机件，并标注尺寸（尺寸数值按 1：1 的比例从图中量取并取整整数）。

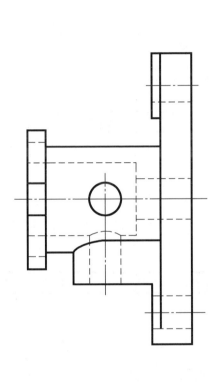

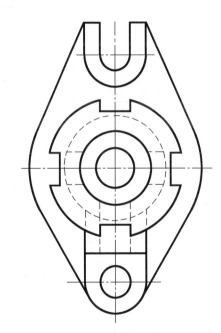

第 10 章　构型设计基础

10.1　内容导学

一、内容框架

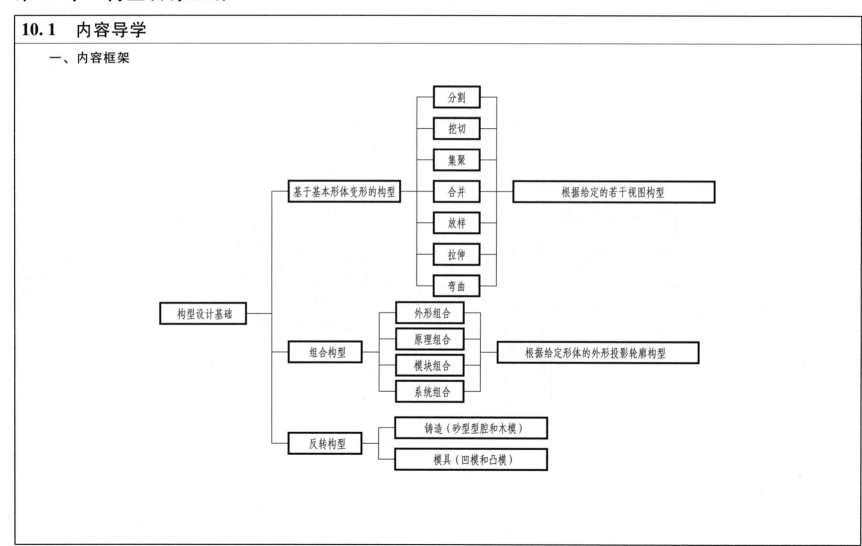

二、知识要点

1. 设计思想

构型设计就是以工程零件或工业产品为观察对象，以几何形体为基础，按叠加或切割等方法，构造出新的组合体。几何构型设计有别于零件设计、机械设计等其他功能设计，不能把实现某一特定功能作为其评价的主要指标，而应把创造性思维训练作为其主要目标。

2. 基本方法

（1）基于基本形体变形的构型

1）分割：在某一基本形体（母型）中分割出一个或多个子形体，一般采用黄金比例分割，可以从多个方位进行。

2）挖切：对基本形体的局部加以切割，使形体表面形状产生变化。由于挖切时采用的切割面形状（平面或曲面）、大小、数量不同，基本形体表面产生的截交线、相贯线可使造型千变万化。

3）集聚：相同或相似的基本形体，在大小、位置、数量、方向上按一定规律排列的形体。

4）合并：由不同的基本形体通过相切、相交、叠加等组合方式创造出的组合形体。

5）放样：由不同的基本形体逐渐融合形成新的结构。

6）拉伸：沿平面图形的垂直方向拉伸而成的形体。

7）弯曲：对初始形状为板状或管状的形体进行弯曲而成的形体。

（2）组合构型

组合方式一般分为外形组合、原理组合、模块组合和系统组合等。

（3）反转构型

反转构型在工程、艺术领域的应用很广，如铸造工艺中砂型型腔和木模、模具中的凹模和凸模、篆刻中的阴文和阳文、平面设计艺术中的反转。

三、作图要领

构型设计除了需要较强的空间想象力，还要有开阔的思路、丰富的经验和深入细致的观察。

1. 根据给定的视图进行构型设计

根据所给的一个或几个视图，构思出不同的形体。一般可通过表面的凹凸、正斜、平曲来构思，也可通过基本形体之间的组合方式来构思。构型过程中，须按照正投影法的投影规律，把握不同线框的共有线有可能是交线、也有可能是特殊位置平面的积聚性投影的原则，综合运用线面分析法和形体分析法构思出符合要求的形体。

2. 根据给定形体的外形投影轮廓进行构型设计

结合基本形体（棱柱、棱锥、圆柱、圆锥、圆球）三视图的投影规律，研判给定形体的外形投影轮廓与哪一种基本形体一致，已知图线究竟是棱线的投影、回转体转向轮廓线的投影、还是平面的积聚性投影，再通过表面连接关系和相对位置确定最终形体的形状。

3. 反转构型

反转构型中的"正""负"形体拼合后恰好为基本形体。构型过程中，可先将已知视图的外形投影轮廓补齐成基本形体，如长方体、圆柱体、圆球等几何结构。同时画出已知视图的轴测图和基本形体的轴测图，结合凹凸情况确定反转构型的轴测图，构思出互补形体的形状。

10.2 例题解析

【例 10-1】 根据如图 10-1 所示的立体的主视图,构思不同形状的形体。

微课视频

立体动画

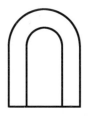

图 10-1 例 10-1 已知条件

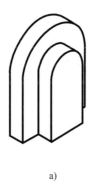
a)

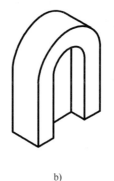
b)

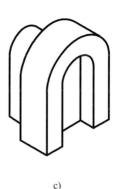
c)

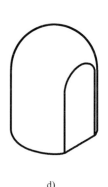
d)

图 10-2 例 10-1 作图结果
a)叠加构型 b)挖切构型 c)虚实构型 d)平曲构型

分析:

通过表面的凹凸、正斜、平曲的联想构思形体。

根据如图 10-1 所示的主视图,可以假定该立体的原形是一块倒 U 形板,板的前面有一个不平齐的小尺寸倒 U 形可见面。先分析中间的线面,通过凸与凹的联想,可构思出叠加构型和挖切构型;通过遮挡关系可构思出虚实型。也可以假定该立体的原形是半球和圆柱同轴叠加,通过平与曲的联想,可构思出平曲构型。

用同样的方法可以对各面进行分析、联想、对比,构思出更多不同形状的组合体。

作图:

1)中间突出可构思出叠加构型,如图 10-2a 所示。

2)中间凹陷可构思出挖切构型,如图 10-2b 所示。

3)中间前侧凹陷、后侧突出,形体部分交线在主视图中存在遮挡关系,可构思出虚实构型,如图 10-2c 所示。

4)外侧马蹄形封闭线框为半球面和圆柱面的投影,可构思出平曲构型,如图 10-2d 所示。

5)由于挖切和叠加的深度尺寸不确定,所以符合已知条件的形体多种多样。

【例 10-2】 如图 10-3 所示，已知立体的三视图，构型设计出一个新立体，使其能够与已知立体嵌套在一起形成一个最小长方体，画出其三视图和正等轴测图。

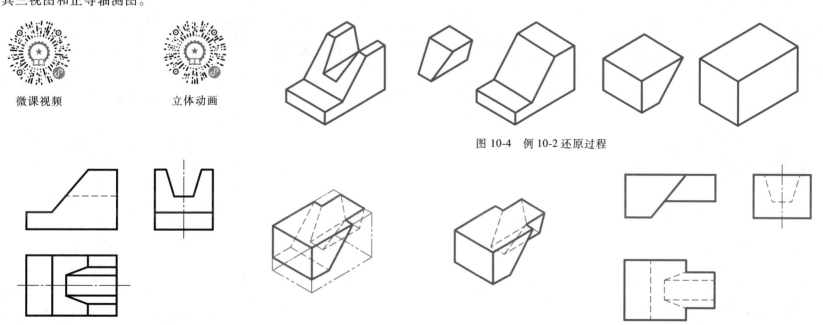

微课视频　　　　立体动画

图 10-4　例 10-2 还原过程

图 10-3　例 10-2 已知条件　　　图 10-5　例 10-2 标记顶点　　　图 10-6　例 10-2 反转构型轴测图　　　图 10-7　例 10-2 反转构型三视图

分析：

对如图 10-3 所示的立体进行分析，从三视图可以看出，该立体前后对称，为挖切式组合体。挖切前的立体形状为长方体，然后用五个平面进行截切，包括两个水平面、两个侧垂面、一个正垂面。可以理解为挖切了两部分结构，一个是以直角梯形为底面的柱体，另一个近似于底面为等腰梯形的柱体。

构型设计时，首先还原出已知视图挖切前的形状，然后通过标记相应顶点的方法确定出目标形体的轮廓形状。

作图：

1）画出与已知视图长、宽、高均相等的长方体的轴测图，如图 10-4 所示。

2）在长方体的轴测图中标记出已知视图所表示结构的各个顶点，如图 10-5 所示。

3）擦去多余图线，画出反转构型中新立体的轴测图，如图 10-6 所示。

4）根据轴测图，画出反转构型的三视图，如图 10-7 所示。

【例 10-3】 如图 10-8 所示，已知立体的三视图，构型设计出一个新立体，使其能够与已知立体嵌套在一起形成一个最小圆柱体，画出其三视图和正等轴测图。

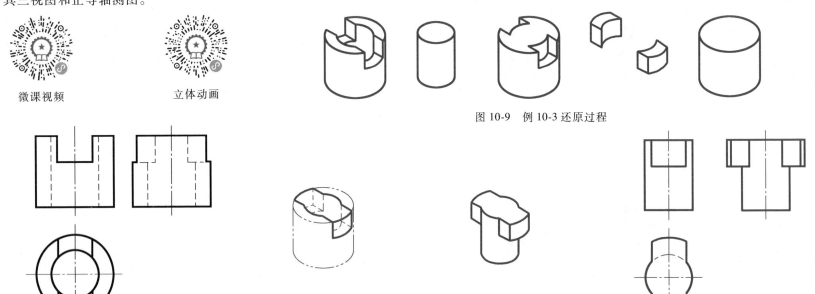

微课视频　　　　立体动画

图 10-9　例 10-3 还原过程

图 10-8　例 10-3 已知条件　　　图 10-10　例 10-3 标记图线　　图 10-11　例 10-3 反转构型轴测图　　图 10-12　例 10-3 反转构型三视图

分析：

对如图 10-8 所示的立体进行分析，从三视图可以看出，该立体为挖切式组合体。挖切前的立体形状为空心圆筒，然后用三个平面进行截切，包括一个水平面、两个侧平面。可以理解成挖切了三部分结构，一个是与内部圆柱孔直径相等、高度相同的圆柱体，另两个是与空心圆柱壁厚相同的两块圆弧板。

构型设计时，首先还原出已知视图挖切前的实心圆柱，然后通过标记各表面上相应顶点的方法确定出目标形体的轮廓形状。

作图：

1）画出与已知视图尺寸相同的挖切前完整圆柱的轴测图，如图 10-9 所示。

2）在圆柱的轴测图中标记出已知视图所表示结构的各处图线，如图 10-10 所示。

3）在细双点画线表示的圆柱上擦去不属于新立体的多余图线，补画新立体的可见轮廓线完成反转构型中新立体的轴测图，如图 10-11 所示。

4）根据轴测图，画出反转构型的三视图，如图 10-12 所示。

10-1 已知立体的一个视图，构型设计出四个不同形状的立体，并画出另两个视图。

（1）

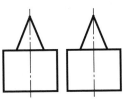

 参考

（2）

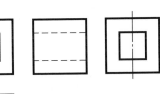

 参考

（3）

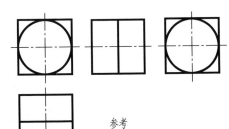

参考

10-2 已知主、俯视图，参考第一种结构，尝试构型设计出同样主、俯视图的三个不同形状的表面都是平面的立体，并画出相应的左视图和正等轴测图。

（1）　　　　　　　　　　（2）　　　　　　　　　　（3）

10-3 已知主、俯视图，参考第一种结构，尝试构型设计出同样主、俯视图的三个不同形状的表面都是平面的立体，并画出相应的左视图和正等轴测图。

(1)   (2)   (3)

10-4 已知主、俯视图，参考第一种结构，尝试构型设计出同样主、俯视图的三个不同形状的立体，并画出相应的左视图。

（1）   （2）   （3）

10-5 已知主、俯视图，参考第一种结构，尝试构型设计出同样主、俯视图的三个不同形状的立体，并画出相应的左视图。

（1）   （2）   （3）

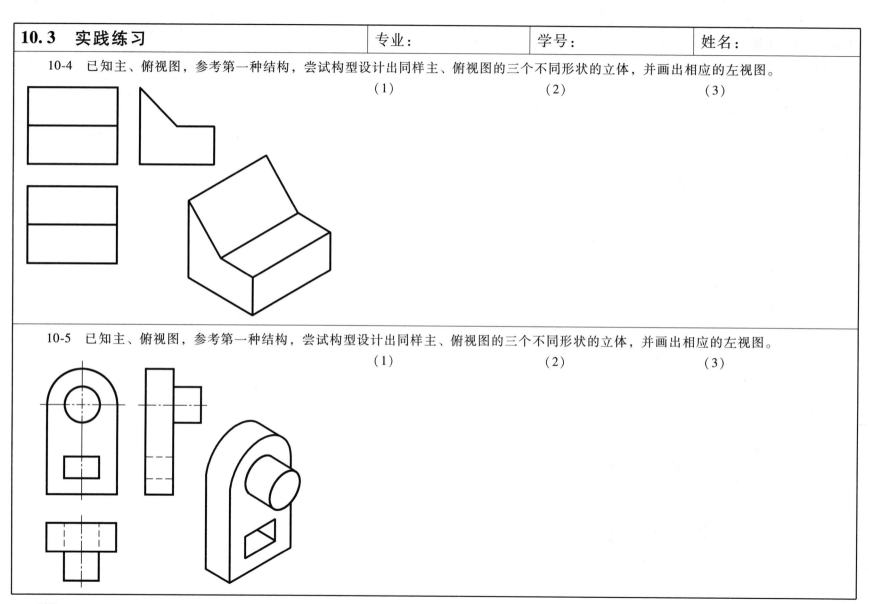

10-6 已知立体的三视图，构型设计出一个新立体，使其能够与已知立体嵌套在一起形成一个最小长方体，并画出其三视图和正等轴测图。

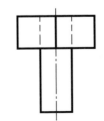

10-7 已知立体的三视图，构型设计出一个新立体，使其能够与已知立体嵌套在一起形成一个最小长方体，并画出其三视图和正等轴测图。

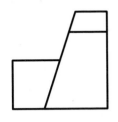 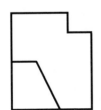

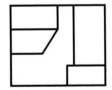

10-8 已知立体的三视图，构型设计出一个新立体，使其能够与已知立体嵌套在一起形成一个最小长方体，并画出其三视图和正等轴测图。

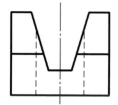 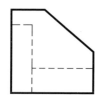

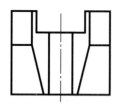

10-9 已知立体的三视图，构型设计出一个新立体，使其能够与已知立体嵌套在一起形成一个最小圆柱体，并画出其三视图和正等轴测图。

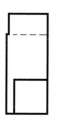 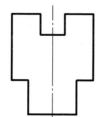

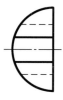

第 11 章　零件图识读

11.1　内容导学

一、内容框架

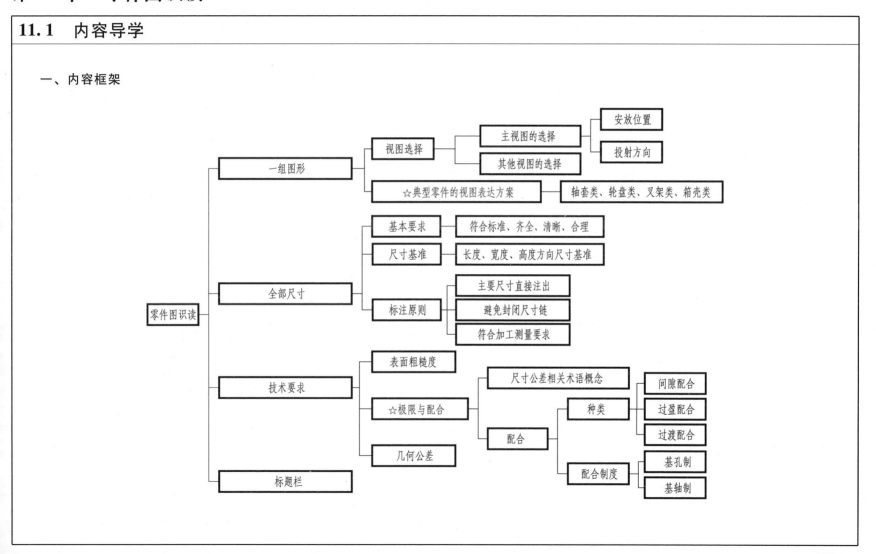

二、知识要点

1. 零件图的内容

1）一组图形：完整、清晰地表达零件的结构形状。

2）全部尺寸：把零件各部分的大小和相对位置确定下来，同时也表达了形状。

3）技术要求：用规定的代（符）号、数字和文字注解，简明、准确地给出零件在制造、检测和使用时应达到的质量指标要求，如尺寸公差、几何公差、表面结构要求、表面处理等。

4）标题栏：根据国标规定，一般将标题栏放在图样的右下角，用于填写零件的名称、材料、图样比例、图号、制图单位名称以及设计、审核人员的签名和日期等。

2. 零件图的视图选择

（1）主视图的选择

主视图是零件图中最重要的视图，选择得合理与否对读图和画图是否方便影响很大。主视图应满足下列要求。

1）主视图应较好地反映零件的形状特征——安放位置。

2）主视图应尽可能反映零件的加工位置或工作位置——投射方向。

（2）其他视图的选择

配合主视图，在完整、清晰地表达零件结构形状的前提下，使视图数量最少，而且图形也较简单；尽量避免使用虚线表达机件的轮廓和棱线；避免不必要的细节重复。

3. 零件图中的尺寸标注

（1）基本要求

符合标准、齐全、清晰、合理。

（2）合理标注尺寸的要求

1）满足设计要求。

2）满足工艺要求。

4. 零件图的技术要求

（1）表面粗糙度

加工表面上具有的较小间距和峰谷所组成的微观几何形状特性称为表面粗糙度。表面粗糙度反映零件表面的光滑程度。

国家标准规定了评定表面粗糙度的各种参数，其中较常用的是高度参数 Ra（轮廓算术平均偏差）和 Rz（轮廓最大高度）。

（2）尺寸公差

按零件图要求加工出来的零件，装配时不需要经过选择或修配，就能达到规定的技术要求，这种性质称为互换性。零件具有互换性，便于装配和维修。

1）尺寸公差常用术语：公称尺寸、实际尺寸、上极限尺寸、下极限尺寸、上极限偏差、下极限偏差、公差、公差带等。

2）标准公差和基本偏差：公差等级是确定尺寸的精确程度。国家标准将标准公差等级分为 20 级，标准公差的数值取决于公差等级和公称尺寸。基本偏差一般是指上、下极限偏差中靠近公称尺寸线的那个极限偏差。

3）配合和配合制：配合是指公称尺寸相同的并且相互结合的内尺寸要素（孔）和外尺寸要素（轴）公差带之间的关系。配合分为间隙配合、过盈配合、过渡配合。配合制是公称尺寸相同的孔、轴之间组成的一种配合制度，为了便于设计和制造，国家标准规定了基孔制配合和基轴制配合。

（3）几何公差

几何公差是指零件各部分形状、方向、位置和跳动误差所允许的最大变动量，它反映了零件各部分的实际要素对理想要素的误差程度。

三、作图要领

1. 典型零件的零件图

（1）轴套类零件

1）结构特点：轴类零件一般用来支承传动零件以传递动力；套类零件一般安装在轴上或机体孔中，起支承、轴向定位等作用。轴套类零件的主要结构是回转体。

2）视图表达：轴套类零件一般将轴线水平放置，只用一个基本视图作为主视图，表示零件主要结构形状，用其他表达方法表示零件内部结构和局部结构形状。

（2）轮盘类零件

1）结构特点：轮类零件一般用来传递动力和转矩；盘、盖类零件主要起支承、轴向定位和密封作用。轮盘类零件的主要结构是回转体，并且径向尺寸远大于轴向尺寸，周围通常均布有轮辐、肋、小孔等结构。

2）视图表达：多数轮盘类零件将轴线水平放置，一般用两个基本视图表达零件的主体结构，用一个全剖的主视图表达主体轮廓及零件上的孔、槽的结构；用一个左视图表达孔、槽的分布情况。

（3）叉架类零件

1）结构特点：叉架类零件包括拨叉、连杆、支架等零件，一般用于机器的变速系统和操作系统等各种机构中，用来操纵机器、调节速度；支架主要起支承和连接作用。

2）视图表达：叉架类零件结构比较复杂，加工方法及加工工序较多，因此，主视图往往按工作位置或其形状特征来确定。要完整、清晰地表达这类零件，一般需要两个或两个以上的基本视图。

（4）箱壳类零件

1）结构特点：箱壳类零件是机器的主体零件，一般起容纳、支承、定位和密封等作用，多为铸造件。这类零件结构复杂，加工工序和加工位置多。

2）视图表达：主视图常按其形状特征和工作位置来确定。一般需要3个或更多的基本视图来表达。内部结构形状采用各种剖视图和断面图来表达，外部结构形状则采用斜视图、局部视图及其他规定画法和简化画法来表达。

2. 读零件图的方法步骤

读零件图的目的是根据已有的零件图，了解零件的名称、材料、用途，并分析其图形、尺寸及技术要求等，读零件图的关键就是由零件图的几个组成部分入手，读懂各部分的含义。

（1）一般了解

首先从标题栏了解零件的名称、材料、比例等。

（2）读懂零件的结构形状

1）理解各视图之间的投影关系。

2）以形体分析法为主，分析主视图及各视图采用的表达方法，结合零件上的常见结构知识，看懂零件各部分的形状。在形体分析时，要先整体、后局部，先主体、后细节，先易后难地逐步进行，最后综合起来想象出整个零件的形状。

（3）分析尺寸

首先找出零件图上长、宽、高三个方向的尺寸基准，然后从尺寸基准出发，按形体分析法，找出各组成部分的定形、定位尺寸。

（4）了解技术要求

零件图的技术要求是制造零件的质量指标。读图时应根据零件在机器中的作用，主要分析零件的表面粗糙度、尺寸公差、几何公差及其他技术要求。

（5）综合归纳

综合上面的分析，对零件的结构形状特点、功能作用已有全面的了解，将所获得的各方面信息、资料进行归纳分析，就可以真正读懂这张零件图。在读图过程中，上述各步骤通常是交替进行的。

11.2 例题解析

【例 11-1】 以图 11-1 所示支架零件图为例，分析读零件图的方法与步骤。

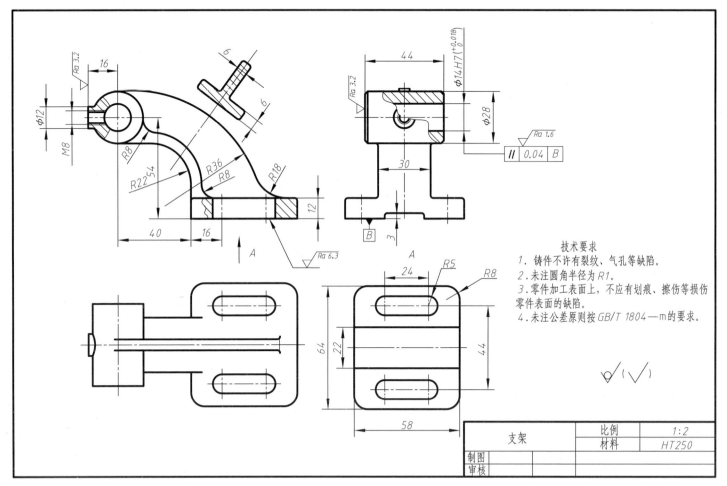

技术要求
1. 铸件不许有裂纹、气孔等缺陷。
2. 未注圆角半径为 R1。
3. 零件加工表面上，不应有划痕、擦伤等损伤零件表面的缺陷。
4. 未注公差原则按 GB/T 1804—m 的要求。

支架		比例	1:2
		材料	HT250
制图			
审核			

图 11-1 例 11-1 支架零件图

分析：

1. 一般了解

如图 11-1 所示，该零件名称为支架，属于叉架类零件，起连接和支承作用。材料为 HT250（灰铸铁，最低抗拉强度为 250MPa），毛坯采用铸造工艺。绘图比例为 1 : 2，可以判断真实零件比图样形状大 1 倍。

2. 读懂零件的结构形状

该零件图采用了三个基本视图、一个局部视图、一个移出断面图。三个基本视图分别是采用了局部剖视图的主、左视图，用以表达支架的结构形状和孔的内部结构；俯视图为外形图，用以表达该零件的外部形状；A 向局部视图由下向上投射，表达底板的形状；移出断面图表达肋板的形状。通过形体分析法对已知视图进行分析可知，支架由 3 部分组成，58mm×64mm×12mm 的底板、断面为 T 形的弧形肋板、有一处相贯结构的圆筒。

3. 分析尺寸

支架长度方向的尺寸基准是 ϕ14H7 圆孔的轴线，高度方向的尺寸基准是底板的底面，宽度方向的尺寸基准是零件的前后对称面（左视图中对称中心线）。

底板的定形尺寸是 58、64、12，底板上直槽口的定形尺寸是 24、R5，定位尺寸是 16、44；圆筒的定形尺寸是 ϕ28、ϕ14，定位尺寸是 54；ϕ12 凸台的定形尺寸是 ϕ12，定位尺寸是 16、54。该支架的总体长度是长 114（16+40+58）、宽 64、高 68（54+14）。

M8 表示普通粗牙、单线、右旋内螺纹。ϕ14H7 孔的上极限尺寸为 ϕ14.018。其中，ϕ14 为公称尺寸，H 为孔的基本偏差代号，7 为孔的标准公差等级。

4. 了解技术要求

圆筒和凸台端面的表面粗糙度 Ra 值为 3.2μm，底板底面的表面粗糙度 Ra 值为 6.3μm，圆柱孔 ϕ14H7 的表面粗糙度 Ra 值为 1.6μm（加工精度要求最高），其余未标注的表面是用不去除材料的方法获得，标注在标题栏的上方。圆柱孔 ϕ14H7 轴线相对底板底面基准 B 的平行度公差为 0.04mm。

5. 综合归纳

结合以上分析，支架可分为连接部分、支承部分、工作部分，分别对应视图中的底板、肋板、圆筒，其他工艺要求参照零件图中技术要求。

微课视频　　　立体动画

【例 11-2】 下面以图 11-2 所示传动箱零件图为例说明读零件图的方法与步骤。

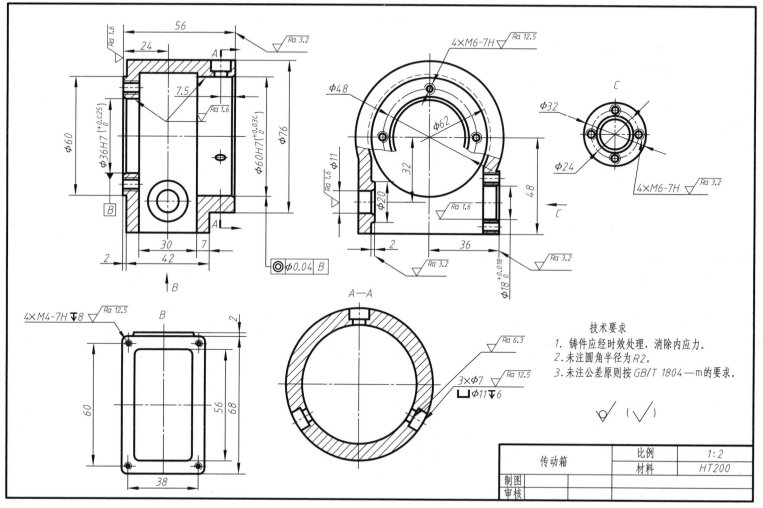

图 11-2　例 11-2 传动箱零件图

分析：

1. 读标题栏，概括了解

如图 11-2 所示，该零件名称为传动箱，属于箱壳类零件，起支承、容纳和密封作用。材料为 HT200（灰铸铁，最低抗拉强度为 200MPa），毛坯采用铸造工艺。绘图比例为 1∶2，可以判断真实零件比图样形状大 1 倍。

2. 分析视图，想象零件形状

该零件图采用了两个基本视图、两个局部视图、一个移出断面图为表达方案。主视图是全剖视图，用单一剖切平面（正平面）通过零件的前后对称面剖切，由前向后投射，用以表达传动箱内部结构。左视图是局部剖视图，用以表达传动箱上两处通孔的内部结构。B 向局部视图由下向上投射，用以表达传动箱底部的形状及 4 个螺纹孔的分布情况。C 向局部视图由前向后投射，用以表达 $\phi32$ 圆筒的形状及 4 个螺纹孔的分布情况。A—A 断面图采用单一剖切面（侧平面）通过 $\phi7$ 孔的轴线进行剖切，由左向右投射，用以表达 3 个阶梯孔的形状和分布情况。通过形体分析法对已知视图进行研究可知，传动箱由 2 部分组成，上部主体是圆柱形壳体，其左侧有附带 4 个螺纹孔的圆柱形凸缘，其右侧有 3 个阶梯孔；下部主体内形是长方形壳体，其前侧有凸起的圆筒（端面有 4 个螺纹孔），后侧端面有一个通孔，底部有 4 个螺纹孔。

3. 分析尺寸标注

传动箱长度方向尺寸基准为传动箱左右方向基本对称平面（主视图中中心线），高度方向尺寸基准是 $\phi36$ 孔的轴线，宽度方向尺寸基准是传动箱前后对称面（左视图中对称中心线）。

上部主体圆柱形壳体的定形尺寸是 $\phi60$、$\phi36$、$\phi62$、$\phi76$、30、56，定位尺寸是 24；下部主体长方形壳体的定形尺寸是 42、68，定位尺寸是 48；圆柱形壳体左侧 M6 螺纹孔的定位尺寸是 $\phi48$，右侧阶梯孔的定形尺寸是 $\phi7$、$\phi11$、6；长方形壳体前侧 M6 螺孔的定位尺寸是 $\phi24$，底部 M4 螺纹孔的定位尺寸是 38、60。该传动箱的总体长度是长 56、宽 68、高 82（48+34）。M6 表示普通粗牙、单线、右旋内螺纹。$\phi60$H7 孔的上极限尺寸为 $\phi60.030$。其中，$\phi60$ 为公称尺寸，H 为孔的基本偏差代号，7 表示孔的标准公差等级为 IT7。

4. 了解技术要求

$\phi36$、$\phi60$、$\phi20$、$\phi18$ 孔的表面粗糙度 Ra 值为 $1.6\mu m$（加工精度要求最高），其余未标注的表面是用不去除材料的方法获得，标注在标题栏的上方。$\phi60$H7 圆孔轴线相对基准 B，即 $\phi36$H7 圆孔轴线的同轴度公差为 $\phi0.04$。

5. 综合归纳

结合以上分析，传动箱结构形状中等复杂。此外，零件图中还用文字补充说明了有关热处理和未注铸造圆角等技术要求。

微课视频　　　立体动画

11-1 读阶梯轴零件图，并回答问题（见下一页）。

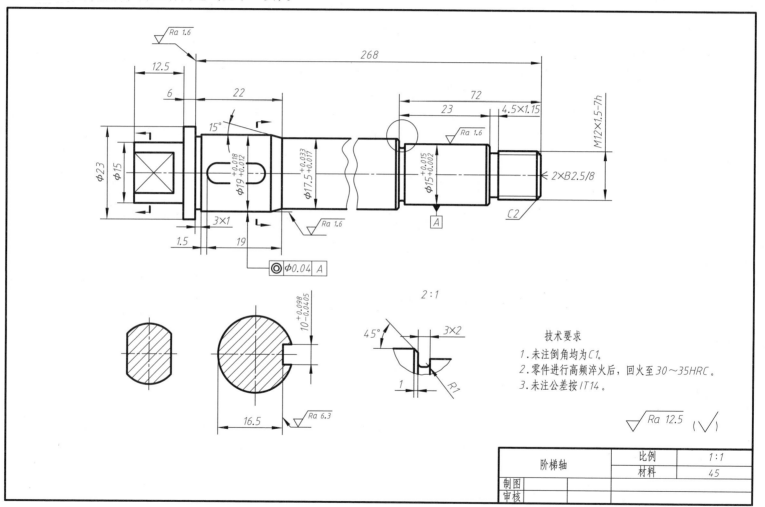

技术要求

1. 未注倒角均为C1。
2. 零件进行高频淬火后，回火至30～35HRC。
3. 未注公差按IT14。

阶梯轴	比例	1:1
	材料	45
制图		
审核		

11.3　实践练习	专业：	学号：	姓名：

11-1　读阶梯轴零件图，并回答问题。

1. 该零件的名称是_____，属于_____类零件，零件的材料是_____，绘图比例是_____。

2. 零件图采用_____个图形来表达零件的结构形状。这些图形包括按_____位置将轴线_____安放的_____个表达零件整体结构形状的_____图、表达键槽结构形状的 1 个_____图与表达扁头结构形状的 1 个_____图和表达砂轮越程槽的 1 个_____图。

3. 用指引线在零件图中标出此零件长、宽、高三个方向的尺寸基准，并指明是哪个方向的尺寸基准。

4. 键槽宽_____，深_____；3×1 表示槽宽_____，槽深_____。

5. 零件图中加工精度要求最高的表面粗糙度 Ra 值为_____。

6. $\boxed{\odot \; \phi0.04 \; | \; A}$ 标注的被测要素是_____，基准要素是_____，几何公差特征是_____，公差值是_____。

7. M12×1.5-7h 的含义是_____。

11-2 读端盖零件图，并回答问题（见下一页）。

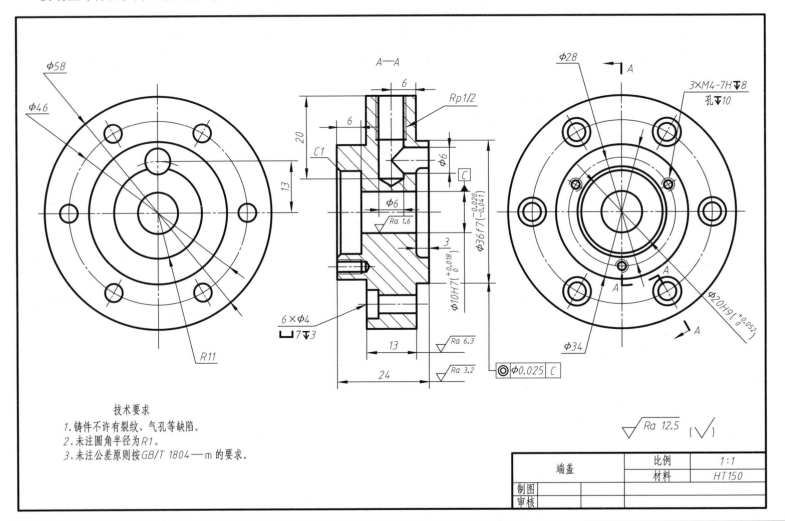

技术要求
1. 铸件不许有裂纹、气孔等缺陷。
2. 未注圆角半径为R1。
3. 未注公差原则按GB/T 1804—m 的要求。

端盖	比例	1:1
	材料	HT150
制图		
审核		

11-2 读端盖零件图，并回答问题。

1. 该零件的名称是_____，属于_____类零件，零件的材料是_____，绘图比例是_____。

2. 零件图采用_____个图形来表达零件的结构形状。主视图采用_____视图（按剖切范围划分），符合零件的加工位置，将轴线水平放置。

3. 用指引线在零件图中标出此零件长、宽、高三个方向的尺寸基准，并指明是哪个方向的尺寸基准。

4. 图中 6 个阶梯孔的定位尺寸是_____。

5. 该零件左端面凸缘上有_____个螺纹孔，公称尺寸是_____，螺纹长度是_____，光孔尺寸是_____。

6. ϕ36f7 的公称尺寸是_____，f7 表示_____，上极限尺寸是_____，下极限尺寸是_____。

7. 零件图中加工精度要求最高的表面粗糙度 Ra 值为_____。

8. ◎ ϕ0.025 C 标注的被测要素是_____，基准要素是_____，几何公差特征是_____，公差值是_____。

9. M4-7H 的含义是_____。

参 考 文 献

［1］ 许睦旬，徐凤仙，温伯平. 画法几何及工程制图习题集［M］. 北京：高等教育出版社，2023.

［2］ 唐克中，郑镁. 画法几何及工程制图［M］. 北京：高等教育出版社，2023.

［3］ 赵建国，田辉，牛红斌. 画法几何及机械制图［M］. 2版. 北京：机械工业出版社，2023.

［4］ 王海华，刘韶军. 工程制图与三维设计习题集［M］. 北京：机械工业出版社，2023.

［5］ 杨薇，佟献英，张京英. 机械制图及数字化表达习题集［M］. 北京：机械工业出版社，2022.

［6］ 焦永和，张彤，张昊. 机械制图手册［M］. 北京：机械工业出版社，2022.

［7］ 焦永和，张彤，张京英. 工程制图［M］. 北京：高等教育出版社，2019.

［8］ 喻全雄，王伟，等. 机械制图分步画法及空间概念建立图解［M］. 北京：机械工业出版社，2018.

［9］ 冯涓，杨惠英，等. 机械制图习题集：机类、近机类［M］. 4版. 北京：清华大学出版社，2018.

［10］ 罗云霞，李利群. 画法几何及机械制图学习指导［M］. 哈尔滨：哈尔滨工业大学出版社，2017.

［11］ 胡建生，陈清胜，刘胜永，等. 机械制图习题集［M］. 北京：机械工业出版社，2016.

［12］ 钱可强，何铭新，等. 机械制图习题集［M］. 7版. 北京：高等教育出版社，2015.

［13］ 朱静，谢军，王国顺. 现代机械制图［M］. 北京：机械工业出版社，2023.